BI
DATA

全球商业界炙手可热的
数据分析之父

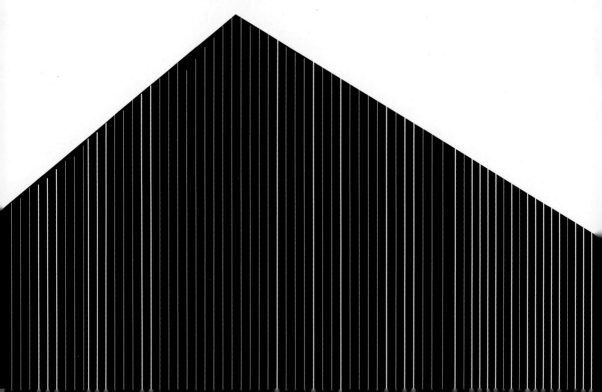

在商业界，曾有这样一句至理名言：如果你问一位CIO，今时今日数据对其企业的意义，那么他会很愿意跟你谈谈"数据分析竞争法"的必要性，以及快速做出正确决策的重要性。这句话源于一本叫作《数据分析竞争法》（Competing on Analytics）的著作，随着这本著作诞生的还有两个超级火热的概念：一个是"数据分析竞争法"，一个是"大数据"。

站在这两个惊世概念背后的是一位名叫托马斯·达文波特的数据分析师。这位出生于1954年10月17日的美国人，毕业于哈佛大学，曾经先后在哈佛商学院、芝加哥大学和波士顿大学任教，还曾经担任过埃森哲战略变革研究院主任，美国知名商学院巴布森学院著名教授，对知识管理有深入的研究。

如果在全球数据分析师领域进行一次排名，达文波特无疑会成为很多人心中的榜首。在商业分析领域摸爬滚打的35年里，达文波特没有一丝懈怠，多次领先创立顶尖的数据分析法，比如数据分析DELTA模型、成为数据分析师的三原则等。他知道，领先的企业不仅是在收集和存储大量的数据，而且围绕着由数据引发的新观点制定竞争战略，这会使企业获益无穷。

如今，虽然他已经年过花甲，但仍然神采奕奕，一直在从事自己认为最性感的工作——数据分析。他是今时今日大数据时代当之无愧的数据分析之父。

BIG DATA

3次预见商业拐点的
大师级玩家

BIG

1983年，达文波特离开教职进入商业研究领域，在短短7年后，便迎来了商业事业的顶峰。他曾3次预见商业范式转型的大拐点，成为当今商业界极富洞见的未来学家。

达文波特第一次预见商业的转型是在1990年，当时他敏锐地注意到，企业要想在市场中取得胜利，就要面向顾客需求，重组业务流程。因此，他开创性地提出了流程再造（reengineering）理念，一时声名鹊起。

达文波特最早发起了知识管理运动，这是他第二次预见商业的未来。俗话说："拥有100位博士的企业，未必拥有100位博士的知识；拥有一群智商120分以上员工的企业，企业商往往远低于120分。"他认为，没有知识管理的企业，员工进入后只会感受到不断的付出，因此，无论获得多好的待遇，都只能算是"出卖劳动力"。

真正让达文波特在全球商业管理界成为风云人物的则是他在互联网时代兴起时提出的"注意力经济"概念，这是他第三次预见商业的未来。"注意力经济"研究了CEO们所面临的最大挑战之一：如何赚得和消费新经济时代的企业货币。他成功抓住了企业从"知识时代"到"注意力时代"转型的开创性节点，并出版了同名著作，被IBM前知识管理研究院院长拉里·普鲁萨克（Larry Prusak）重磅推荐。他所在的埃森哲公司，也在当年被《财富》全球500强企业选中作为头号咨询公司。

达文波特一次次对商业时代潮流进行了精准的感知和把握，让无数企业管理者对世界有了理解和思考的框架，而这完全得益于他超强的数据分析能力。

DATA

与克莱顿·克里斯坦森、杰克·韦尔奇比肩的商业思想家

达文波特凭借睿智的洞见和新锐的商业思想，为自己赢得了无数荣誉。2000年，他被《CIO》杂志评选为"新经济十大杰出人物"之一。之后，在由他发布的巴布森学院"全球著名商业思想家"排行榜中，他把自己排在了第25位。在这个榜单上，知名战略思想家加里·哈默拔得头筹，畅销书作家托马斯·弗里德曼和微软前董事长比尔·盖茨分别列第二、第三位，达文波特是与克莱顿·克里斯坦森、杰克·韦尔奇比肩的商业思想家。2003年，达文波特被权威的《咨询师》杂志评选为全世界"最顶尖的25名咨询师"之一。

达文波特还是一位知名的商业图书作家，出版了近20本管理类畅销书，被多个国家引进出版，极负盛名。

作者演讲洽谈，请联系
speech@cheerspublishing.com

更多相关资讯，请关注

湛庐文化微信订阅号

heersPublishing
mindstyle
文化
特别制作

ANALYTICS AT WORK

Smarter Decisions, Better Results

工作中的数据分析

[美]
托马斯·达文波特　　珍妮·哈里斯
Thomas H. Davenport　　Jeanne G. Harris
　　　　　　　　　　　　　　　　◎著
罗伯特·莫里森
Robert Morison

杨琪　张四海◎译

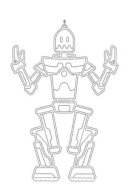

浙江人民出版社
ZHEJIANG PEOPLE'S PUBLISHING HOUSE

数据力，未来企业的核心竞争力

作为致力于商业与管理的研究者和作家，我们已经提出了很多观点。虽然我们自认为这些观点都很好，但很难事先知道哪一个会得到认可。

出乎我们意料的是，《数据分析竞争法》（*Competing on Analytics*）获得了认可。我们探寻到了世界发展的趋势，即将有更多的数据、更多利用计算机对数据做的分析，人们将更加倾向于以事实为依据进行决策。上述每个趋势都是在不知不觉中逐渐发生的，直到我们在这个领域发表著作时，它们才突然爆发了。如果我们认为这一切来得过于突然，那只是因为我们没有注意到其他趋势的发展。

所以，当达文波特在《哈佛商业评论》上发表《数据分析竞争法》一文，又与珍妮·哈里斯出版同名专著之后，我们突然发现关于这个主题的演讲和咨询的需求十分强烈。在此过程中，我们与全球数百位管理者以及专业的数据分析师进行了交流。哈里斯在为埃森哲公司及其客户服务的过程中，与公司的多个数据分析咨询团队合作。达文波特和莫里森与哈里斯一道主持了一项涉及多家公司的研究项目，探讨有关数据分析在商业中的应用这一主题。我们决定将所见所学写下来，这就是《工作中的数据分析》的由来。

我们都注意到，有关如何构建数据分析能力这个问题，应该有更加多样化的组织形式。《数据分析竞争法》主要是关于数据分析的早期使用者和积极推动者，但其他公司或机构只是想知道在数据分析方面，它们的进展如何，以及如何才能做得更好。它们需要分析的框架、评估的工具、案例以及其他见解。我们试图在本书中对此加以论述。

与《成为数据分析师》相比，本书更是一本教你"如何去做"的书，但是我们也不想走极端把它写成一本操作手册。我们提出了一个包含五部分的模型，并且为了读者能够记住这个模型，我们将这五部分的首字母缩写组成了一个单词。我们会继续讨论之前一本书中提出的评估数据分析成熟度的五阶段模型，不过，我们不会明确规定某类人应该以什么样的顺序执行哪些步骤。这里没有定则，只有一些如何推动进步的实际建议，以及如何度量你的进步的框架。这更像一个指南针，而不是一本详细的地图。

本书第一部分会关注框架，将介绍我们多年来一直在宣扬与实践的 5 个字母的模型：DELTA。第一部分更加关注目前的实践。第二部分稍微发散了一下，探讨了数据分析导向的企业未来需要一些什么样的能力。当然，有些企业已经具备了这些能力。

第二部分　**实践数据力，成为智能商业竞先者**

未经检视的决策是不值得做出的

如果我们想做出更好的决策，以及基于此采取更有效的行动，就必须学会运用数据分析。工作中的数据分析意味着在关键业务领域运用数据与分析来提升绩效。长久以来，管理者习惯于利用直觉与勇气做决策，做决策时强调的不是数据，而是经验以及没有依据的判断。我们的研究表明，四成的关键决策不是基于事实而是基于管理者的直觉做出的。

虽然有时候基于直觉与经验做出的决策运作良好，但更多时候，这些决策或误入歧途或以灾难而告终。管理者热衷于合并与收购，以彰显他们的个性，而忽略了有关能否带来价值的审慎考虑；银行基于不动产价格会一直上升这个未经验证的假设而做出信用与风险的决策；政府基于有限的情报就发动战争。这些都是没有依据的决策的极端案例。

在某些情况下，没有分析支撑的决策不一定会导致悲剧，但它确实会使我们丧失很多赚钱的机会。比如，基于直觉对市场承受能力进行判断进而制定产品与服务的价格，而不是基于过去类似情况下消费者真实支付意愿的详细数据定价；基于直觉雇用员工，而没有对他们的技能以及个性进行详细分析，以预测员工的绩效；供应链的管理者维持着一个舒适的库存水平，而不是用数据决定最优库存水平；棒球球探用放大镜观察球员的某个特点，而不是利用数据分析判断其真正能赢得比赛的能力。

苏格拉底曾经说过："未经检视的人生是不值得过的人生。"我也要说："未经检视的决策是不值得做出的决策。"

我们以下面这位软件公司的高层管理者的情况为例。当被问及公司最近一次销售大会的情况时，他回答道："一切都不错。我们有来自110家公司的听众，大会的主题演讲增强了他们对我们公司未来的信心，增加了我们交叉销售的机会，所有12场技术大会的情况都不错。"

对于大部分公司而言，这已经很不错了。这位管理者说："我认为除了是否应该在全国以每季度12场大会的节奏继续推广之外，没有别的决策需要考虑。"然而，在经过深思熟虑之后，他还是提出了很多关于销售大会值得深思的问题：

◎ 多少与会者是现有客户？多少是潜在客户？

◎ 本区域的每个客户是否都派了代表参会？

◎ 本区域的每个潜在客户是否都派了代表参会？

◎ 哪个与会者的销售前景最好？

◎ 多少与会者同时参加了公司的年度大会？

这位高管不知道以上问题的答案。既然如此，不妨开始搜集与分析数据。即使他认为自己所在的公司在数据分析上比同行略胜一筹，但至少就这些销售大会而言，还有很多地方有待提高。这个小故事旨在说明，即使那些已经做得不错的公司也有机会在数据分析方面更上一层楼，从更好的决策中获益。

那些一直用惯例管理的公司都有很大的改善空间。例如，上述这家公司召开销售大会就是因为这是惯例。在本书中，我们将提供一组工具来提升企业的分析能力。我们将证明，提升企业的分析能力将不只是管理者的职责，也将被纳入企业中每个人的职责范围。

数据分析对你的企业有什么好处？其中好处诸多，如下文列举的这些。我们认为，在数据分析方面表现得出类拔萃的企业，同时在执行方面也会高人一筹。这绝不是偶然。数据分析不是企业制胜的惟一之道，但很多行业的案例表明，数据分析是通往成功的可行之路。以下是成为数据分析型企业的益处：

◎ 帮助企业在动荡的环境中管理业务、把握方向。数据分析给管理者以工具，帮助他理解其业务动向，其中包括经济与市场的变化将如何影响业务绩效等。

◎ 知道如何做才真正管用。严格的实验可以区别你的干预是否真正对业务起到了预想的作用，或者它只是随机统计波动的结果。

◎ 有效利用之前在信息系统的投资，获得更深入的洞察、更快速的执行以及在业务流程中获取更大的价值。

◎ 降低成本，提升效率。优化技术能够使企业对资产的需求降到最低，预测模型能够预估市场的变化，使企业能够快速应对以降低成本、避免浪费。

◎ 管理风险。更严格的监管需求会需要更准确的数据以及风险管理模型。

◎ 预估市场条件的变化。你可以对大量的客户数据及市场数据进行分析，发现其中蕴含的模式。

◎ 为正在做的决策提供基础。如果你在做的决策以清晰的逻辑和明确的数据为支撑，那么你或其他人会更加容易地对决策流程进行复核，提升决策质量。

成为大数据公司

我们将数据分析定义为"使用分析、数据以及系统性地使用推理以做出决策"。需要什么样的分析、什么样的数据，以及如何进行推理？这里没有严格而整齐划一的答案。我们认为，只要分析过程遵循了严格的系统化的方法，就是好的过程。

从最新的优化技术到根本原因分析（root-cause analysis），有很多分析方法可供选择。最常见的方法是统计分析，它根据样本数据对整体进行推断，不同的统计分析可以用来支撑大量不同种类的决策：从判断过去的某个结果是否由于某个干预所引起的，到预测未来将会发生什么。统计分析的作用十分强大，也通常十分复杂，经常还会以一些不太可靠的数据或业务假设为基础。

如果运用得当，统计分析可能既简单又有价值。你可能还会记得大学统计课程中提到的"集中趋势量数"，其中包括平均数、中位数、众数等，很多人经常忘了众数是什么，它只不过是出现频度最高的那一个数。这些简单的统计变量就足以对数据有初步表征。有时，数据分析需要以图形的方式对数据进行可视化探索，并发现模式与关联。比如，在特定模式下是否存在异常值需要进行进一步探索，是否有某些值超出了区间？可视化分析方法使得我们能够以探索性数据分析（exploratory data analysis）的方式接触数据。探索性数据分析是由统计学家约翰·图基（John Tukey）发展，并由爱德华·塔夫特（Edward Tufte）进一步推广的一种方法，它能够帮助人们为数据建立清晰的图示。

在这里，关键是要一直思考，如何才能更加以分析和事实为基础做出决策，需要考虑如何使用手头合适的工具进行分析。一旦数据分析与决策运作良好，你也不要满足于已有的成就，以免陷入重复已有的旧套路而不能快速应对变化。

在环境的可持续性等业务领域中，过去从未使用过数据和分析，你只要引入一些关键行为的简单指标就可以变得更具导向性，例如碳足迹指标。定期报告这些数据，当出现情况时则及时应对。这些简单的开端能产生不同凡响的效果。然而，在一个新领域让大家在度量指标上达成一致并不容易。

在其他一些领域，如用户行为分析，我们有从会员卡数据到网站数据在内的大量细节数据。因此，我们有必要使用多样而复杂的分析手段进行客户细分，基于客户行为判断其偏好，为客户提供更有吸引力的购物优惠等。在数据如此丰富的领域，只是简单的报表远远不能满足要求。

当然，某种形式的分析完全不需要量化数据。例如，在企业人类学研究中，市场人员通过系统性地观察消费者使用产品或店内购物的行为，对其进行分析。如美国洋基队前教练尤吉·贝拉（Yogi Berra）所言，"只是观察你就能发现很多"。最为严谨的市场研究人员使用视频，系统化地对行为进行编码，以确保之后所有行为能够得到详细的分析。人种志研究能够帮助企业发现消费者在使用产品或服务时所存在的问题。通过观察得到的数据也能够为经过统计发现的规律提供参考。我们可能会发现在便利店里，男人通常会同时购买啤酒和尿布，但只有现场观察才能知道他们先买哪个后买哪个，才能知道应该将啤酒和尿布摆在同一个货架上还是商店两头的不同货架上。

以数据分析为导向的最成功的企业和管理者通常使用定量分析法和定性分析法的组合。例如，eBay 在网站或者商业模型上做任何更改之前，都要通过随机化测试的方式进行大量的分析。eBay 每天都有数十亿的网站访问量，每天同时进行着数以千计的测试。为了使这些测试更加有意义，eBay 搭建了名为 eBay 实验平台（eBay Experimentation Platform）的系统，它能使测试者跟踪在什么时段、什么网页进行什么测试。当然，也许你不会如 eBay 一样对海量的数据（所有的鼠标点击记录）进行复杂而详细的分析。

除了在线测试，eBay 在改动网站时会采用多种分析手段。eBay 对顾客采取多次当面测试的方法，这些方法包括实验室研究、家庭调研、焦点小组、用户参与式设计（participatory design session）、迭代式权衡分析（iterative trade-off analysis）等。eBay 也采取定量的视觉设计研究、眼球追踪研究、日志研究等方法观察顾客对可能的变动有何反应。在没有这些数据分析的支撑之前，eBay 不会有任何大的变动。当然，对分析的重视不是 eBay 成功的惟一原因，但显然是原因之一。在任何时候，eBay 上都有超过 50 000 种品类的 1.13 亿个产品在出售。

《工作中的数据分析》的目的不是罗列所有可能的数据分析工具，而是希望能够说服你，数据分析能够帮助管理者和员工进行更好的决策，帮助企业运营得更好。**数据分析不只是着眼于某个特定的问题，而是着眼于对整个组织能力的评估与提升**。我们的目标是对数据分析这种能力的主要方面进行描述，并提出强化这些方面的一些举措。因此，可以将本书视为提升企业分析能力的一剂良方。

数据，企业创新之源

每个组织在业务方面总会存在一些基本问题需要得到解答。人们使用数据分析是期望能够使用信息解答那些通用问题（见表 0-1），这些问题包含以下两个维度：

◎ 时间维度：我们在过去、现在和将来面对的问题是什么？

◎ 创新维度：我们是希望对现有信息进行分析，还是想要获取新洞察？

表 0-1 的矩阵给出了企业中关于数据与分析能够解决的 6 类基本问题。第一类问题是如何更高效地利用信息。"过去"信息一栏是传统的商业报表，它不是数据分析。通过使用简单的规则，你可以提出一些有关当前情况的提醒信息：现在正在发生什么？当行为超出常轨时给出警告。通过对过去模式的简单外推，你能够得到有关未来的一些信息，例如进

行预报，所有这些问题都是值得回答的。不过，它们不能告诉你为什么某事发生了，或者某事还会发生的可能性有多大。

表 0-1　　　　数据分析能解决的关键问题

	过去	现在	将来
信息	发生了什么 （报表）	什么正在发生 （提醒）	什么将要发生 （外推）
洞察	如何以及为何发生 （建模，实验设计）	最佳行动是什么 （推荐）	将要发生的最好或 最坏的情形是什么 （预测、优化、模拟）

第二类问题需要不同的工具更深入地挖掘信息，以产生新的洞察。过去的洞察是通过统计模型获得的，被用来解释一些事情如何发生以及为什么发生。当下的洞察是以推荐的形式进行的，以回答当下应该如何去做，例如，推荐什么样的附加产品才有可能打动客户。对于未来的洞察是以预测、优化以及模拟仿真等方法获得的，以产生未来可能的最优结果。

所有这些问题构成了一个组织对其自身的了解。这个矩阵也挑战了现有的信息应用方式。例如，你会发现自己有许多"商业智能"活动集中在上面一行。从纯粹的以信息为导向的问题转向包含洞察的问题能给你更好的机会去了解业务运营的动向。

制定你的大数据战略

在我之前的一本书《数据分析竞争法》中，我们给出了一些企业的案例，这些企业围绕着数据分析能力构建企业竞争战略。这本书虽然取了一个如此学术化的书名，却赢得了巨大的成功，我们对此深感欣慰。我们仍然相信，在各个行业中围绕数据分析展开的竞争战略是一种可行的选择。

然而，当我们在全世界面向读者以及演讲听众谈起这本书时，却发现我们忽略了一个巨大的听众群。我们许多读者都来自这样的企业：它们虽然不想成为数据分析竞先者，但希望推动企业朝着数据分析成熟度更高的方向前进。他们相信基于事实与分析做出决策是有好处的，但这并不意味着他们必须围绕数据与分析构建企业和企业价值观。虽然他们彬彬有礼地听完我们的演讲并称赞了我们的著作，但我们能够看得出，他们内心保留了不同意见。

我们希望这本书能够引起数据分析竞先者的兴趣，但同时也希望面向更多企业：那些只是希望引入更多的数据分析，而不是基于此制定战略的企业。**如果你认为自己的企业更应该基于事实而不是没有根据的直觉或偏见做出决策；如果你想释放隐藏在企业中的数据的潜力，那么这本书也许对你有所帮助。**然而，我们仍然希望和敦促企业能够朝着数据分析竞争法的方向努力，我们仍然相信其中存在巨大潜力。那些不希望做出如此巨大改变的企业仍然有机会朝更加以分析为导向的方向努力，虽然它们的主要竞争优势来自其他方面，如产品创新、客户关系和出色的运营等。

在《工作中的数据分析》中，我们偶然也会提起诸如哈拉斯娱乐公司（Harrah's Entertainment）、美国第一资本金融公司（Capital One）、美国前进保险公司（Progressive Insurance）等数据分析竞先者，它们的实践中蕴含了丰富的经验与案例。然而，本书中的大部分企业并不是激进的数据分析竞先者，它们只是想知道如何更能基于数据与分析做出决策，从中获益。

为什么将数据分析融入企业血液恰逢其时

如今，大部分企业已经积累了大量数据，这些数据有些来自如 SAP、甲骨文公司（Oracle）等软件公司提供的面向交易的 ERP（企业资源规划）系统，也可能来自零售商的影像数据，还可能来自会员卡系统、财务交易记录以及顾客上网的点击量数据。这些企业拿数据做了什么？只能说，所做的还远远不够。

当我们对一家连锁便利店的管理者进行访谈，问到他们如何使用数据时，他们承认其中还有很大的不足。其中一人说道："好吧，我承认，我们卖了这些数据，我们将数据卖给零售业数据大亨赚的钱比我们卖肉制品赚的钱还要多。"这个事实着实令人惊讶。然而，更令人惊讶的是，他们之后又掺合着本地竞争者的数据一道买回了自己的数据。

"除此之外，你还拿数据做了什么？"我们问。

"我们将数据存在磁盘里，之后存到磁带里，再之后埋进山体里，安全到能够抵御核攻击。"

"这些数据对你管理业务有何好处？"

"不太多，这也是我请你们来的原因。"

企业、政府、非营利性组织，无论它们是否处于发达国家，都面临和这家零售企业一样的低效问题，它们搜集、存储了大量数据，但没有有效地利用。它们一面拥有数据，一面进行决策，却从不分析数据以指导决策。

当然，构建企业数据分析能力不是一蹴而就的事。企业需要每次针对一项决策进行改善，要相信"我们能够做得更好"。然后用基于事实的定量分析改善这项决策，使其更准确、更一致、更能够着眼于未来，而不是只用数据做报表。一旦意识到数据能够使得某项决策更优化，它们就会寻找下一个有待优化的决策。在某种程度上，这种渐进式的演变是不可避免的，因为整个社会正朝着计算机占据更重要的地位、数据更加丰富的方向前进。然而，那些意识到这点并带着紧迫感进行这些改变的企业会领先一步。

数据分析，让商业决策更智能

数据分析能够助力组织和业务进行全方位的转型。很多企业利用数据分析帮助它们创收，比如用于客户关系管理。它们使用客户分析进行客户细分，识别最优质的客户群；它们分析数据以理解客户行为，预测客户的想法与需求，并据此提供合适的产品与营销方案；企业需要确保资金与资源被投入到最能产生效益的营销活动与营销渠道，它们根据所了解的客户支付意愿制定价格，以确保利润的最大化。最后，它们还会识别最有流失风险的客户，适时采取挽留的措施。

供应链管理与运营通常也是数据分析活跃的领域。高效的供应链企业能够用数据优化库存和运输路线，还能根据库存物品的库存成本和速度，在最合适的地方建造站点，以确保在合适的地方放置合适数量的合适物品。如果它们处于服务行业，则会利用数据度量并优化服务运营。

通常来说，人力资源是直觉的天下，但现在越来越多的人开始使用数据分析招聘或留住员工。如体育行业会使用数据分析挑选和挽留最优秀的球员，企业也会利用数据分析挑选有价值的雇员，并预先判知哪些员工可能会离职。它们也会用数据分析来判断，哪些员工应该在什么时间上岗工作，以使销售额和利润最大化。

当然，数据分析也可以用于很多传统上和数字打交道的业务领域，如金融与会计。除了在计分卡上记录一些财务指标或非财务指标之外，一些领先的企业用数据分析判断驱动财务业绩的因素究竟还有哪些。在这个充满了不确定性的年代，金融企业及其他一些企业在使用数据分析监控并防范风险。最近，投资行业持续出现问题，这使得没有人再会认为，投资行业可以在没有数据分析的情况下能运作良好。在银行与保险行业，使用数据分析进行授信和制定保险条款的工作正变得日益普遍与复杂。

我们丝毫不怀疑，在商业机构、非营利性组织以及政府机构，对数据分析的应用将日益增加，这大多要归因于数据量的持续增长。更多的流程与设备被传感器自动化地控制与驱动，有效地使用这些设备的惟一方法就是对其产生的海量数据进行分析。如今，智能电网已经使用数据分析来优化和降低能耗以实现可持续发展。总有一天，我们将生活在"智能星球"上，有能力监控与分析周围环境的方方面面。我们现在已经处在一个数据分析导向的社会，未来会朝着这个方向继续前进。

数据不是万能的

我们确信，大部分企业可以通过引入更多的数据分析而获益。然而，数据分析与所处条件不匹配的情况也时有发生，下文列举了一些时常发生的情况。

没有时间。在能够系统地获得数据之前，某些决策必须尽快做出。加里·克莱因（Gary Klein）的《权力的源泉》（*Sources of Power*）一书中给出了一个绝佳的例子。当消防队员在一栋起火的建筑中试图判断地板是否会坍塌时，他必须通过环境快速"搜集数据"。这时，他是不太可能进行有逻辑的回归分析的。

没有先例。如果某事从来没有发生过，则很难获得与之相关的数据。这时，最显而易见的分析方法是通过一个小规模的随机化实验测试想法是否可行。如果测试无法开展，如百思买集团（Best Buy）前首席营销官迈克·林顿（Mike Linton）所说，不可能在每次营销决策之前都进行数据分析："有时候你要将决策过程中'预备、瞄准、射击'的传统方式变为'预备、射击、瞄准'的方式。例如，某次我们将保罗·麦卡特尼（Paul McCartney）的最新 CD 独家与他的巡回演唱会门票捆绑销售。就我们所知，从来没有人这么做过，也无法进行测试。虽然在你的决策工具清单里有各种工具，但有时你不得不借助于直觉。"然而，即使如此，值得注意的是，百思买集团事先制定了如何衡量这些活动成功的标准，为下一次制定基于事实的决策奠定基础。

历史信息存在误导。即使存在大量先例，但正如股票商广告宣传册上的小字所警示的一样，"过去的业绩不是未来结果的必然证明"。看似不可能发生的、不可预测的事件，被纳西姆·尼古拉斯·塔勒布（Nassim Nicholas Taleb）称为"黑天鹅"事件，这些事件对分析免疫。虽然塔勒布由于这些异常事件而贬损了所有统计分析的价值，但统计分析在大多时候还是颇有用处的。企业应当有能力有效地识别不能用过去指导现在和未来的那些特殊时刻，而不是彻底放弃统计分析的方法。

决策者具有一定经验。有时某些决策过于频繁，决策者已经将数据搜集和分析的流程内化为自身能力的一部分。例如，如果你是一位房屋估价师，则可以大致估算出房屋的价格，而无须将数据输入算法中。

无法测量变量。有时无法使用数据分析做出决策是因为数据分析中需要的一些关键变量无法得到严格的测量。例如，寻找约会对象或终身伴侣的过程现在也开始纳入量化分析的研究范围，如 eHarmony 等公司就在从事这项工作。然而，我们非常怀疑数据分析在帮助挑选伴侣方面的能力。数据分析可能会在这些领域提供一定的助力，但不可能替代直觉的地位。在买婚戒之前，你还是希望能和自己的配偶有过当面接触。

虽然不是处处适用，但数据分析在决策过程中仍然具有很高的价值，值得作为首选参考。不过，在很多使用直觉支撑决策的企业中，数据分析只是一种支撑决策合理性的借口，它们选择性地使用数据以支撑任何已经做出的决策。如苏格兰作家安德鲁·朗格（Andrew Lang）所说："统计学家的作用就如路灯柱对醉汉的作用一样，是用来搀扶的而不是用来照明的。"直觉被过多地作为决策的首选工具，然而，只有在没有其他选项时才应当使用它。即使在上述这些适于用直觉进行决策的情况下，也应当对直觉、使用直觉做出的决策及其效果进行追踪，随着时间的推移，这些追踪记录可以将直觉变为经验法则，甚至变为算法。

什么时候应当对决策进行审查

我们正在不可避免地迈向更加由数据分析主导的时代，你不可能把数据分析这只精灵一直雪藏在服务器的魔瓶中。然而，如果你准备对数据分析加以利用，也必须对它加以提防。在没有数据分析时可能犯的错误，很可能在数据分析中重演。《工作中的数据分析》一书期望成为明智的人避免"典型决策错误"陷阱的指南。

如下页"典型决策错误"所示，如果不小心，即使抱有最良好愿望的人也可能以各种方式犯下大错。例如，加拿大发电企业 TransAlta 公司，由于电子表格的一个错误，导致在对冲协议上损失 2 400 万美元。美国航空航天局（NASA）由于在分析过程中使用了不统一的度量单位，损失了价值 1.25 亿美元的火星探测器（Mars Orbiter）。北卡罗来纳州基于一个错误的模型做出了一个重要的决策，这个模型过于乐观地估计了新的企业入驻所带来的就业增长和销售税的增长。结果，北卡罗来纳州白白支付了数百万美元的刺激资金。

北卡罗纳来州的失误很具代表性：很多以数据分析为导向的思维可能会基于无效的或过期的假设。所有量化分析都是基于假设做出的。技术假设可能包括相信数据是随机抽样的结果，或者相信数据服从正态分布。关于外部世界的模型假设，人们可能会存在局限，误以为模型没有考虑的因素是保持不变的，然而事实往往并非如此。大部分模型在有局限性的数据中寻求精确，因此错过了在模型所局限的时间、地点以及人群之外寻求更为准确的预测和解释的机会。试图评判模型范围之外的关键因素是一件不容易的事情，这也是导致最近一次金融危机的原因（参见"2007—2009 年金融危机中的数据分析"）。

如何避免"典型决策错误"

逻辑错误：

◎ 没有提出正确的问题；

◎ 做出了错误的假设，并且没有验证假设；

◎ 通过操纵和篡改模型及数据而使数据分析为你的目的背书，而不是
根据事实给出正确的答案；

◎ 没有花时间理解所有可能的备选答案或正确地解释数据。

过程错误：

◎ 无心之失，例如电子工作簿中的行列搞混，模型中出现了一个小错误；

◎ 在决策中，没有认真对待数据分析；

◎ 没有认真考虑其他可能选项；

◎ 使用错误的或不充分的决策标准；

◎ 数据采集或数据分析开始得太晚而没有用处；

◎ 因为对数据和分析一直不满意而推迟决策。

2007—2009 年金融危机中的数据分析

很明显，金融服务业错误地使用了数据分析。2007—2009 年的次贷
危机表明，很多数据分析方法都用错了。例如，银行使用数据分析发放
次级抵押贷款，即使在有非常详细的分析表明很多客户即将开始违约的
情况下，银行机构仍然向他们发放贷款。

一系列的错误假设共同造成了这个问题。华尔街的分析师在按揭证券交易模型方面有着多年的经验，这使得一切看来风险很小：抵押贷款模型是基于房价会一直上涨的假设，信用违约模型是基于信用市场的流动性的假设，这些假设都助长了这一问题。

同样明显的是，风险分析也发生了错位。美国国际集团（AIG）由于定价和预测信用违约方面的失败而被政府接管；穆迪公司（Moody's）、标准普尔公司（Standard & Poor's）、惠誉公司（Fiteh）也未能正确评估按揭证券的价格，未能正确评估信用。1987年股市崩盘的部分原因也是由于未能正确评估投资组合保险的风险。

接下来，金融企业需要彻底变革它的分析重心。它们需要让模型背后的假设更加清晰透明，需要持续、系统地监控业务中数据分析模型的情况，需要与监管机构一起对模型的能力保持怀疑态度，并能够在特殊的情况下管理风险。

更为重要的是，金融行业高管需要对支撑其业务运营的模型有更深入的了解。为了获得超额回报，他们利用算法进行复杂的投资和债券组合，这些超出了他们的理解范围。慑于庞大的数据量，这些高管最后放弃了管理风险的责任。如果你是美国公民，你的日常生活和这些机构息息相关，难道就不希望开展这些业务的高管能理解他们在做什么吗？

并非所有金融机构的数据分析都如此糟糕，下面以美国富国银行（Wells Fargo）为例来说明。

富国银行董事会主席理查德·科瓦谢维奇（Richard Kovace-vich）凭借丰富的经验，带领富国银行灵活地躲避了最为危险的次级贷款风险，也就是向那些"自述收入"或者信用存在问题的借款人贷款。即使这些做法让他们失去了短期的市场份额和大笔佣金，他们也不惜坚持这么做。他说："我们通过与其他银行、投资机构和贷款经纪人等沟通后发现，这种做法在经济上是缺乏根据的，没有意义的。"给信用存在问题的借款人发放如此有风险的贷款，"意味着你在对他们说'对我违约'。"科瓦谢维奇强调说，他们的银行避免了其他竞争对手面临的巨大损失。"发放这样的贷款，不符合我们的 DNA。"

也许有必要让使用数据分析的 CEO 理解这波在现在看来显而易见的风险的意义。富国银行的科瓦谢维奇以其对基于事实的决策和对量化分析的兴趣而闻名。富国银行在这场金融危机中表现出色，甚至让它能够以极为划算的价格并购之前强大的竞争对手美联银行（Wachovia）。多伦多道明银行（Toronto Dominion Bank）CEO、哈佛大学博士艾德·克拉克（Edward Clark）也在这场次贷风暴中站稳了脚跟。他坚持认为，他手下的管理者必须理解他们所做的每一笔交易。

当金融与投资行业以及所有行业变得越来越以数据和分析为导向时，掌握一定的数据分析方法已经成为高管义不容辞的责任。否则，他们会因对交易员建议中存在的风险理解不足而无法驳回这些建议，从而将公司和消费者置于危险的境地。

最好的决策，艺术与科学的结合

数据分析在金融服务业及其他行业中仍将处于重要位置，所以，最好的决策者将是那些能够将量化分析的科学与合理推断的艺术相结合的人。这些艺术性来自经验、审慎的判断、对问题的领悟以及对不合理假设的反驳。在创造性地构想与解决问题的过程中，艺术也扮演了重要的角色，从数据采集到建模，再到推想可能的结果等诸多方面都有所助益。

关于判断的艺术，笔者（达文波特）有个切身的例子，来自在工作聚会上与一位飞行员的偶然谈话。飞行员说道："哦，是的，现代飞机上有很多电子设备和计算机，我们是'靠电脑飞行'，但我发现，经常透过舷窗直接观察外面对飞行还是十分必要的。"商业界的出色管理者也应该听从这位飞行员的建议："当然应该关注维持业务运营的计算机信息和数据分析，但当分析模型失效时，也应当多看看舷窗外面。"

一些企业试图平衡科学与艺术的关系。例如，奈飞公司 CEO 里德·哈斯廷斯（Reed Hastings），他就是通过科学化的分析方法创建了公司。不过，他试图让公司的管理者和员工不要忽视决策中艺术的位置。例如，他资助了一系列关于"故事叙述"技巧的研讨会，期望奈飞公司的员工能够以扣人心弦的叙述方式传达数据分析的结果。

奈飞公司首席内容官泰德·萨兰多斯（Ted Sarandos）负责挑选该公司的上线电影，他也证实了对科学和艺术的需求：

> 在如奈飞公司这样的一家技术型公司中，我们部门是最需要艺术的部门。我们的工作性质七成是科学性的，三成是艺术性的。我

们的电影买手需要感知市场的脉搏以做出决策。电影院的票房明星不一定是视频内容的明星，反之亦然。票房是一个有用的指标，但它只表明了关注度，而不是真实的需求。

艺术已经以各种方式成为数据分析的一部分。首先是建立假设，假设更多的是反映数据现状的一种直觉。当假设需要得到检验时，我们进入了科学的领域。

选择数据分析支撑的业务领域也是一门艺术。如我们将在第4章所描述的，制订数据分析工作的目标需要直觉、战略与管理架构以及经验等多方面的综合考虑。选择合适的目标也需要决策者对公司和行业的未来方向及顾客的未来价值有明确的愿景。这种综合的、全景式的评估，还是人脑更适合。

艺术也在聪明的、有经验的人在决定一个数据分析模型什么时候不再适用时出现。识别数据分析的局限性将是人类一直需要去突破的一个点。

虽然数据分析不是完美的，但与那些更加糟糕的，以偏见、成见、自圆其说以及没有根据的直觉相比，我们还是更倾向于数据分析。虽然人们有无数的理由抵制数据分析，但诸多研究表明，数据、事实、分析都是决策的有力助手，能够帮助制定比基于直觉和本能更好的决策。所以，在你做决策时，尽可能地使用数据分析。如果你能对什么事情都进行度量并分析，那么尽管去做，但不要忘记把你的经验、知识和定性分析能力也引入决策中。

最后，我们认为，人类与计算机的结合使得以分析为导向的企业更具吸引力。基于数据分析的决策处在个人能力和企业能力的汇合点。一个企业的数据分析发展情况取决于企业中决策的总数，如果企业的决策是由分散的决策者分别做出的，那么这些决策者之间甚至不会交流数据分析在其中所起的作用。在这些决策中，数据分析的数量和质量不只取决于决策者的智慧与经验，还需要对整个企业的诸多要素进行评估与改善。接下来的 10 章我们将对这些问题展开探讨。

关于 DELTA 模型，您想了解更多吗？
扫码获取"湛庐阅读"APP，
搜索"工作中的数据分析"查看彩蛋。

什么是彩蛋 彩蛋是湛庐图书策划人为你准备的更多惊喜，一般包括①测试题及答案 ② 参考文献及注释 ③ 延伸阅读、相关视频等，记得"扫一扫"领取。

ANALYTICS

AT

WORK

第一部分

DELTA 模型，5 要素重塑组织竞争力

Smarter Decisions
Better Results

ANALYTICS AT WORK

数据分析的运用之法

为了将数据分析引入工作，你需要做什么？为了在数据分析方面取得成功，你需要具备什么样的能力和资本？接下来的 5 章，我们将论述在数据分析方面取得成功的 5 要素。我们将 5 要素的首字母缩写为 DELTA，这是一个希腊字母（Δ 或 δ），在公式中常常用来代表"变化"。这 5 要素的共同作用能够变革你的业务：

D 代表可用的高质量数据（data）

E 代表以企业（enterprise）视角为导向

L 代表数据分析的领导力（leadership）

T 代表战略性目标（target）

A 代表分析师（analyst）

为什么这些要素十分重要？首先，高质量的数据是任何分析的先决条件，这里"干净"意味着数据准确、格式标准。

例如，对客户数据而言，每个客户有一个惟一的标示符，并且客户姓名、住址、购买历史等信息要准确。数据的含义和用途能够被理解。当数据有多个来源时，它将被整合且具有一致性，并被存储在数据库中，能够被访问，易于被发现、被过滤以及被改变格式。更重要的是，这些数据可能表明和度量了一些新东西和重要的东西，或者一些既新又重要的东西。第 1 章我们将着重描述数据分析中与数据管理相关的重要问题。

如果总体而言，企业拥有自己的重要数据、分析软件和人才，并且整个企业的管理者能够在数据分析方面通力合作，那么数据管理中的诸多挑战就会变得容易面对。也许你会问："我们是从一个单独业务部门的特定问题小范围地开始数据分析项目的，为什么需要整个企业的视角呢？"简单的回答是，如果你没有企业视角，你的数据分析工作就不会走得太远，原因有三：

◎ 那些真正能够提升企业绩效和企业竞争力的关键数据分析流程
　　不可避免地会涉及企业的方方面面；

◎ 如果你的数据分析应用是跨职能部门的，那么管理数据、分析
　　师和技术等关键资源是没有意义的；

◎ 如果你没有整个企业的全局视野，那么你将会不可避免地开展
　　很多小型的数据分析项目，但具有重大意义的项目会很少。

第 2 章，我们将讨论在不同组织中"企业"的不同定义，以及讨论如何在企业层级管理关键的数据分析资源。

那些真正在业务决策、业务流程、客户关系等方面从数据分析中获益的企业，都在领导力方面有所作为。这些企业的高管不仅希望特殊的数据分析

项目的成功，也有热情根据事实进行管理。他们的长远目标不仅是将数据分析应用于商业中的特定领域，而且还希望在企业中能够引入更多的以数据分析为导向的决策风格和方法。我们将在第 3 章中讨论数据分析领导者的关键特质以及他们的所作所为。

不过，并不是每个有数据分析倾向的领导者都会无条件地支持任何数据分析项目，当使用数据分析之后，他们希望看到的是能为企业带来巨大变化和潜在回报。数据分析的目标可能是获得更高的客户忠诚度，更加高效的供应链体系和更加精确的资产管理与风险管理手段，甚至是能够雇用、动员和管理高质量人才。公司需要目标是因为它们不能在业务分析的各方面平均地分配它们的数据分析能力，并且数据分析人才也不足以覆盖所有领域。在第 4 章，我们将描述如何才能制订好的目标，以及如何评估和选择这些目标。

分析师有两个主要职责：第一，构建与维护模型以完成特定领域的数据分析目标；第二，在企业中引入数据分析，使得企业中的业务人员能够赏识并运用它。在第 5 章，我们将介绍一些不同类型的分析师、评估和提升他们能力的方法，以及能有效发挥他们作用的企业组织形式。我们将通过一个有关分析师的调查研究来揭示，分析师对工作和老板的期待是什么。

你需要上述 5 要素之间相互配合。如果缺少 DELTA 5 要素中的任何一个都会阻碍成功，为那些唱反调说"你的建议不适合我们的情况"的人提供口实。某个要素的缺失会导致整个进程的延误和精力的浪费，所以，如果你在某个方面做得不错，就努力让其他要素也能跟上进度。如果 DELTA 的某个要素走得太快，其他要素却跟不上，就会导致挫折感。比如，当领导力这方面目标明确，并希望获得更多的成果时，可数据或者分析师方面还没有就绪；

你也可能在某一方面过度投资，比如是数据方面，但因其他方面准备不足而使得这方面的能力沉寂无用。

所以，为了真正取得进展，你需要将 DELTA 模型的 5 要素同步推进。不过，不同企业的起点往往大不相同，具备的能力组合不同，在数据分析方面的进展也不一样。为了帮你厘清头绪，并且能使你对自己的数据分析能力进行规划与管理，我们开发了一个发展数据分析能力的五阶段模型。

◎ 一段：缺乏数据分析（analytically impaired）。组织还缺乏真正开展数据分析工作所必需的一个或若干个先决条件，例如数据、分析技能或者高管的支持。

◎ 二段：焦聚数据分析（localized analytics）。组织中已经有一系列数据分析活动，但这些分析活动还没有和企业的战略目标相协调。

◎ 三段：构建数据分析愿景（analytical aspiration）。组织已经开始规划更为长远的数据分析愿景，构建了数据分析能力，并且有一些重要的项目正在开展，但进展缓慢。这通常是由于某个关键的 DELTA 要素还难以实现。

◎ 四段：成为数据分析型企业（analytical companies）。组织已经具备了必要的人力资源和技术资源，并且将数据分析用在日常业务中，同时意识到了数据分析的价值，但企业的战略没有聚焦于数据分析，且尚未将数据分析转化为竞争优势。

◎ 五段：数据分析竞先者（analytical competitors）。组织已经将数据分析作为独特的竞争能力用于日常的业务中。它在整个企业的层面推动数据分析，数据分析得到了高层的认可与参与，并且取得了一些大规模的成果。无论对内还是对外，它都宣称自己是数据分析方面的佼佼者。

我们并不是宣称"数据分析竞先者"对于所有组织而言都是适合的或者必要的，但至少多数组织都希望能引入更多的数据分析，并能提升一两个层次。在接下来的 5 章中，我们将详细描述 DELTA 的 5 要素如何在各个阶段演化。例如，数据由很差变为可用，再到统一、整合、能够支持创新。领导力由缺乏变为局部性的，再到被大家意识到、被大家支持以及被大家热切期望。

DELTA 5 要素能从一定高度俯瞰与评估你的数据分析能力，它是一份路线图，帮助你定位自己的位置和发展方向。

使用下面 5 章中的信息与工具，你可以为自己的数据分析进行定位：评估你的能力、获取新的能力、设定现实的目标、整合数据分析业务方案所需的要素、大踏步前进。关键要素的就绪对于你即将把数据分析用于重要的用途尤为重要。早期的成功能够为持续的成功提供动力。

01

D 高质量、无间断的数据闭环

ANALYTICS AT WORK

没有数据就无法进行数据分析，没有好数据就无法做好数据分析工作。这一章我们就讨论这个问题。

如果你需要更多信息，本章讨论的就是使你的组织变得更加以数据分析为导向所需的数据环境。我们首先描述最顶尖或"五段"数据分析所需的数据管理的关键组成部分。正如我们在第一章介绍的那样，不是每个组织都需要在数据上达到"五段水平"。不过，不同于本书中其他主题的讨论方式，我们通过探讨组织能够接近五段这个目标的程度，对组织的数据管理水平进行评估。接下来将讨论当数据分析水平进阶时，数据和数据管理手段如何随之提升。即使你已经做得不错，仍然需要了解五段数据分析水平所采用的数据管理手段。

从最基础的方面开始，你需要对数据的如下因素加以了解，我们将逐个讨论每个主题：

◎ 数据结构，即你拥有的是什么性质的数据；

◎ 数据的独特性，即你如何使用别人都没有的数据；

◎ 数据整合，即你如何将从不同渠道得到的数据进行整合；

◎ 数据质量，即你能否信赖数据；

◎ 数据访问，即你如何获取数据；

◎ 数据隐私，即你如何保护数据；

◎ 数据监管，即你如何管理数据的方方面面。

数据立方体

企业基本上有三种方式组织数据以用于分析：立方体、矩阵、非数值。如果你读到这儿时有些不耐烦，想停止阅读，想打开电视看娱乐和体育节目或天气频道，请再坚持一会儿，其实这个话题没有看上去那么枯燥。如何组织你的数据非常重要，因为它会影响你所能进行的分析类型。

事务型系统中的数据通常存储在数据表中。数据表非常有利于处理交易、制作清单，但不太利于分析。其中一个理由是：数据表存储的历史数据很少，最多存储 3～12 个月的历史数据。因此，从数据库或事务型系统中提取出数据，并存储在数据库时，通常会将其格式转换为"立方体"。数据立方体是一组预先打包的多维数据表，例如，按区域和按季度的销售数据通常会做成一个三维数据立方体。不过，不同于物理世界，数据立方体可以多于三维，尽管对于以碳基生物而言超过四维和五维可能就有些难以理解。数据立方体虽然在生成数据报表和数据"切块"（slicing and dicing）等方面比较方便，但不太方便进行数据探索，这是因为数据立方体包含的变量数目有限，不能满足分析师的需求。

数据矩阵包含结构化的内容，例如以行列的方式存储数据，电子表格是矩阵的一种特殊形式。以这种格式存储数据，就会使数据库中的任意字段或变量用于分析。数据矩阵中可以存储数百或数千个变量。这种格式虽然具有最大的灵活性，但对于不了解数据库结构或不了解数据所处位置以及字段的非技术用户来说，可能会产生困惑。

非结构化、非数值数据是数据分析的"最新前沿"，它不是以数据库中通常采用的格式或类型存储的数据。非结构化数据的格式多样，企业对于这些数据的分析兴趣日增。例如，客户在客服电话中的语气是判断他们是否会流失的一个很好的预测指标，所以企业可能想捕捉这一特征；或者可以通过分析博客、网页和网站的评级和评论等社交媒体数据来理解客户对企业的感知。在这种情况下，整个互联网成了数据库，尽管为了进行详细的分析，你可能只会抽取或复制其中的一部分数据。企业也可以对内部数据库中的文本进行挖掘以发现客户服务中的关键问题，这些文本包括售后服务报告和客户投诉信等，这些信息包含在"原因栏"（例如，拒绝授信）和产品描述（例如，因并购等原因而调整产品品类结构等）等处。非结构化数据具有潜在价值，不过就像淘金一样，你必须从大量的沙土中筛出你的黄金。例如，你感兴趣的单词是 fire（火），但这个单词可以有很多种意思，因此你必须先进行语义分析，以确保这个词就是你需要的意思。

高度数据分析导向的五段组织开展了很多项目，其中有些项目使用数据立方体和数据矩阵的方式存储。它们尝试使用多种格式的数据，不仅是数字，还包含图像、网页文本和语音等。

独特的数据，独特的数据战略

如何挖掘和利用别人没有的数据？有相同数据的企业肯定会进行相似的数据分析。为了获得数据分析方面的优势，你必须具有某些独有的数据。例如，其他任何人都无法知道客户在你公司购买的数据，这样你就可以从这些数据中获益。不过，判断什么样的数据是有价值的，获取你的公司及任何其他组织都没有的专有数据就是另外一回事，这可能需要创建一个新标准。

正如蒙大拿州立基金（Montana State Fund）首席信息官和战略规划负责人阿尔·帕里沙恩（Al Parisian）所说："对于数据而言，吃什么就得到什么，正如一个非常在意健康的人肯定很在意所吃的食物，那些非常重视基于事实的情报的领导者也一定很在意数据。"我们同意并断定：独特的战略需要独特的数据。五段组织利用它们的数据分析能力获得了竞争优势，它们还需要获得其他组织没有的数据。

数据的独特性有几个层次：一是成为所在行业内使用商业性数据的首家公司。1996 年，前进保险公司就开始使用消费者的信用评分作为其汽车保险承保的一种预测指标，例如，车主是否支付账单能很好地预测他是否会撞坏车，尽管没有人知道为什么。这就比行业内其他公司领先 4 年，目前还有一些公司依然没有使用该指标。

竞争对手必将赶上前进保险公司的步伐，因为任何人都可以购买信用评分数据，竞争机密也不会长时间保密，特别是在保险行业，因为在监管备案中必须公布承保方法。然而，前进保险公司在其他方面继续保持创新，我们将在第 8 章中进行描述。这说明，即使你使用行业通用数据，即使竞争对手已经通晓你的想法，你依然有机会使用这些数据助你的公司脱颖而出。例如，第一资本金融公司大量使用客户信用评分，用于信用卡业务的信贷和定价，但很快其竞争对手就跟进了。于是，第一资本金融公司开始更加细致地分析信用评分数据，寻找那些虽然评分很低，但比其他低分客户有更高还贷可能的申请者。所以，虽然使用的还是能够被普遍获得的数据，但该公司还是能够通过这些数据识别一些具有差异化特征的客户，进而实现差异化服务。

当然，当数据来自内部运营或者客户关系时，更加容易获得独占优势，下面来看几个具体实例：

◎ 橄榄园饭店（Olive Garden）是花园饭店（Garden）旗下的一家意大利连锁饭店，它使用店铺运营数据来预测饭店的方方面面。顾客预测应用可以对从排班到备料，再到个别菜单项目和成分的方方面面进行预测。过去两年，花园饭店已经将员工无计划的工作时间降低了40%，对食物的浪费降低了10%。

◎ Nike+ 项目使用跑鞋内的传感器来收集数据，获知客户的跑步距离以及配速。数据被上传到跑者的 iPod 上，然后再传输到耐克公司的网站上。通过分析这些数据，耐克公司知道了如下事实：星期日是最受欢迎的跑步日，Nike+ 鞋的穿戴者倾向于下午5点之后开始锻炼，很多跑者会设定目标作为新年计划的一部分。耐克公司还意识到，5次上传之后，跑者就会喜欢上这个鞋和项目。

◎ 百思买公司在分析完特惠区（Reward Zone）忠诚度计划的数据之后意识到，它最好的客户虽然只占其全部客户的7%，但却贡献了 43% 的销售额。在一项影响广泛的"以客户为中心"的活动中，该公司重新对店面进行了细分，有针对性地满足这部分客户的需求。

◎ 在英国，皇家莎士比亚剧团仔细分析了过去 7 年里收集的售票数据，以提升现有观众的消费额度，并识别与获取新观众。使用包括观众的姓名、地址、观看的演出、票价等数据，皇家莎士比亚剧团制定了有针对性的市场营销方案，常客的数量增加了 70%。

◎ 大宗销售的快消品公司通常不了解他们的客户，不过，可口可乐公司通过 MyCokeRewards.com 网站与客户（通常是年轻人）建立了联系，并相信，这一举措不仅增加了销量，还可以直接针对个体消费者进行市场营销。该网站每天有 30 万访问量，仅一年访问量就上升了 13 000%。

◎《福布斯》排名前十位并拥有超过 3 000 家分行的美国银行发现，与客户交易时通过使用基于合作的数据分析法（collaboration-based analytics），使得每次客户交互后的结存提高了 1 倍。而当考虑银行为客户提供的附加价值后，第一年的每次交易利润就增加了 75%。在使用了这种分析法之后，若以每小时的销售结存计算，一线的银行职员的销售生产力提高了将近 100%。

当然，曾经具备惟一性和专有性的数据也可以成为大路货。例如，每家航空公司都有忠诚度项目，这些项目都提供了雷同的优惠与服务，其产生的数据也没有普遍用来建立和维系紧密的客户关系。这些项目的表现一度很不错，但现在它们仅仅提供"你有我也有"的能力。航空公司本来有机会打破僵局，利用忠诚度数据做一些与众不同的分析，但大多数航空公司过于注重燃料费用和并购问题，错失了这一时机。

如果能认识到其价值，数据金矿也可能来自公司的基础运营。例如，多年来思科系统公司一直在维护客户的数据网络和语音网络。最近，该公司意识到，可以通过分析网络配置数据来确定哪些客户最可能面临网络故障并需要升级设备。思科系统公司可以在多个维度上测试和分析客户网络及其所有的产品组件，包括网络配置、使用情况、设备在网络中的位置等。据此能够预测网络稳定性，为像网络设备"不良组合"（toxic combination）等问题做好准备。思科系统公司的分析师还能与同行业类似规模的其他网络进行比较，分析网络稳定的可能性。这种诊断能力构成了思科系统公司服务的差异化能力，并提高了产品销量。

我们预言，很多组织将会意识到，它们日常运营的数据是一笔很重要的财富。比如，加利福尼亚的三角洲牙科诊所（Delta Dental）发现，通过分析多年的索赔数据，它可以了解投保客户和其对应牙医的行为模式：某位牙医的患者是不是会比别的牙医的患者引发更多的问题？某些地区的根管手术是不是比其他地区更常见？另一家健康保险公司也发现，它可以通过老年投保客户缺乏运动的特征识别其患糖尿病的风险，现在该公司开展了一项名为"银鞋脚步"（silver sneakers step，由一家叫作Healthways 的疾病管理公司执行）的项目降低糖尿病的发病，该项目使用计步器计算客户每天的行走步数。

一个专有的绩效指标同样可能会改善决策，实现公司的差异化。沃尔玛在卖场层次上使用工资 / 销售比作为新的绩效指标；万豪酒店集团提出了一个称为"收入机遇"的新的收入管理指标，在某一特定店面将实际收入与最佳可能收入进行关联。即使某个指标中在其他行业中，但只要你所在的行业还没有这个指标，它就能创造价值。例如，哈拉斯娱乐公司将零售行业的"同店销售额"指标首次引入赌场业。该公司还测量赌场员工的微笑频率，因为这一指标与顾客满意度紧密相关。哈拉斯娱乐公司这样的绩效指标貌似无所不包，可能只差将玩家在骰子上的吹气次数与他掷骰子的胜算率关联起来了。

不管专有数据来自哪里，任何想在数据分析方面取得成功的组织都需要梳理它独有的数据。下个 10 年对专有数据的分析将会有爆发式的增长。而目前，五段企业也正在做这件事。

业务需求驱动数据融合

数据整合就是从组织内外部多个数据源获得的数据的聚合，这对想要变得更加以数据分析为导向的组织来说很重要。事务型系统通常是"烟囱式"的，只处理业务的特定方面，如订单管理、人力资源或客户关系管理。但 ERP 系统（企业资源计划）是一个例外，它涉及了多种业务职能。基于此，企业距离解决困扰早期 IT 管理的很多基本数据整合问题更近了一步。但即使存在 ERP 系统，如果想进行数据分析，也需要合并与整合来自很多系统的数据。

例如，如果你想借助数据分析来发现运输延误是否会影响客户购买，这就需要对多个系统进行整合。你可能需要整合如下数据：从网页数据中得到的客户行为数据，从 ERP 系统中获得的订单数据。或许，你还希望从外部供应商整合有关你的企业的市场份额数据，以及客户满意度数据。因此，大部分组织都无法回避数据整合的需求。

五段企业在整个企业范围内定义和维护如客户、产品、供应商以及相关标识符等关键数据元素。因此，它们能避免如下抱怨，"为什么我不能得到排名前 100 位客户的列表"或"为什么每次询问员工的数量都会得到不同的答案"，要得到整合的高质量数据需要时刻多加小心。花旗集团还未达到五段企业的水平，但在客户数据管理方面颇有一套。1974年，它就为客户设置了惟一标识，从那之后一直进行完善。它在马尼拉（Manila）拥有一批数据分析师，不断分类、标记、清理和完善着客户信息。尽管像大多数为企业服务的机构一样，花旗集团的客户数量相对较少，但记录哪个机构是总公司，哪个是子公司，以及它们的公司名称、位置和所有权等仍不是一件容易的事。如果你的机构拥有百万量级的客户，那更是真正的噩梦。

关于数据整合，专家经常主张"事实的唯一版本"（One Version of the truth）。你或许知道这个观点背后所反映的问题。几个不同的小组参加会议来讨论某件事情，每个小组都准备了支持各自立场的证据。销售人员因为这个原因表示赞成，新进人员因为那个原因表示反对，如此等等。麻烦在于，每个小组都有不同的关于收入、利润、员工总数和餐馆日均利润等数据，还有其他你能想到的数据，因此，不同小组花费了很多时间在争论谁的数据是正确的上，而只有很少的时间用于分析数据和采取行动。

这个难题确实让人筋疲力尽，值得引起关注。但你必须集中精力：不要徒劳地尝试去整理公司里的每个数据，要选择在决策制定和数据分析中将会用到的主数据或参照数据。采取某种流程和技术管理在整个企业内被广泛使用的数据对象（如客户、产品等），被称为主数据管理

（Master Data Mangement），或者简称 MDM。MDM 的声誉并不好，部分是因为它是一项相当乏味的工作，就像吃蔬菜一样，管理主数据有好处，但并不总是给人带来满足感或乐趣。

再者，企业经常把 MDM 变得很复杂，超出实际需要。根据维基百科，MDM 的目标在于"提供在机构范围内用于收集、汇总、匹配、聚合、校验、存留和分发数据的流程，以确保在持续的数据维护与数据使用过程中的一致性和可控性"。

包含一长串的动名词形式的定义暗示着 MDM 是一项极为困难的工作，而且 MDM 还需要进行一系列的数据精炼工作，更是加剧了困难。关键数据条目需要以共同的方式进行定义和监管，从而在整个企业范围内不会有所偏差。所以，一定要有选择性地从一个较小的数据集开始，然后聚焦于对有限的财务数据或客户数据进行清洗这一最为迫切的问题上，将会带来可观的收益。对数据定义实行标准化处理，去除或更正不完整的、不准确的和不一致的数据，然后改善可能导致数据被污染的松散的数据管理和监管流程。在完成上述工作之后，再对其他重要数据采取行动。

最终，你需要在整合数据所付出的努力和数据分析活动之间加以平衡。如果你开始做 MDM 项目，请确保你拥有足够的资金、时间和高层支持。在 MDM 项目进行的某些时刻，某些人肯定会问："MDM 到底是什么东西？为什么它如此耗时和开销巨大？"你需要为此准备好答案。

总而言之，五段企业至少已经整合了部分数据，但是完善的、无缺陷的、数据化管理的企业还是个可望不可及的目标，即使是最好的企业也不是随处都有完美的数据，它们只关注那些能够真正改善绩效的数据的整合。业务需求应该成为驱动数据整合的动力，而不是为了"万一有用"而进行大规模的数据整合，或者被追求完美的目标所误导。我们将在第4章讨论数据分析的目标，它将指明需要对哪些最有用的数据进行整合。

数据并非一定要完美无暇

出乎意料的是，尽管数据质量在以分析为导向的决策中占有十分重要的位置，但和业务系统或商业智能中的基础报表应用不同，数据并非一定要完美无暇。有经验的分析师能够处理有缺失的数据，甚至能够大体估计缺失数据的数值，或者能够根据问题设计数据的统计采样。

不过，错误的或有误导性的数据是数据分析的一大难题。数据整合仅仅是第一步。记住，大部分数据最初是为了处理业务问题而被采集的，而非数据分析，每种事务型数据都有其自身的问题。例如，网站的事务性数据将对你从网站日志中提取有意义的数据造成困扰。网站分析专家朱达·菲利普斯（Judah Phillips）发现了关于网站数据的18项缺陷，其中包括由于网络爬虫在网站爬取数据使得网站访问量偏高，也包括由于某些网页未做标记使得某些网页访问未被计数。

那些关注特定决策或数据分析的分析师，需要从数据最初进入系统的源头开始追踪数据问题，以找到根本原因，修复错误数据。即使如ERP等现代化的、高质量的、高度整合的系统也不能避免一线员工错误地输入数据。所以，你必须着手一些检测工作，以识别长期产生劣质数据的源头。

五段企业虽然没有完美的干净数据，但它们已经解决了很多数据质量的大问题。它们真正关心的决策领域拥有可用于数据分析的高质量数据。如果聚焦于客户分析，它们则拥有高质量的客户数据库，数据库中的数据极少包含重复的、不活跃的和无响应的客户[①]。客户的通信地址可能不是最新的，但这些错误不会影响分析目的。五段企业一般拥有良好的、相对容易的数据质量提升流程。更进一步来说，它们在抓取或者验证数据之前就拥有了良好的处理流程，减少了数据清洗工作。

在 20 世纪末，作为发放工伤赔偿保险的半政府机构，蒙大拿州立基金在进行数据整合和数据质量管理的同时，引入了数据防盗版机制。因为它们的数据经常被质疑。2006 年起，它们将关键的报告和分析打上了电子水印。这些报告往往包含从业务系统中抽取的多达 1 700 个数据项，电子水印证明这些数据是得到审计的官方版本。用户可以打印这些有水印的报告，在不下载水印的情况下无法下载数据。蒙大拿州立基金的阿尔·帕里沙恩（AI Parisian）认为，企业文化已经随着数据平台的进步而逐步进化："我偶尔也会遇到一些基于选择性的事实或者有偏见的数据给出的观点，但有人会说：'你不能使用这些孤立的证据，请参考这份基于这个时期全部数据的报告。'"当看到这些行为时，帕里沙恩知道自己的策略成功了。

能被访问的数据，才是好数据

数据必须可访问才可被分析，即数据必须与产生这些数据的事务导向的应用（如销售订单管理或账务系统）分离，而被放置在分析师可以

---

① 所谓无响应客户，是指那些对于目标营销没有什么反应的客户。

找到并且处理的地方。五段企业通过创建数据库来支持对数据的访问。很多公司已经有大量数据库和特定目标的数据集市，而且数量还在激增，但因为数据整合对高级数据分析十分关键，五段企业将最可能拥有跨越多个职能部门和业务单元的企业数据库（EDW），以供关键的数据分析应用提取数据。

企业数据库存有你进行分析所需的所有数据，既包含当前数据，也包含历史数据。如果你认为这个描述从"信息需求"的定义角度而言有些不清晰，你是对的。由于企业数据库包罗万象的特点，企业必须不断地向数据库中添加新的数据元素，例如来自市场调研公司尼尔森（Nielson）或其他第三方数据供应商的外部数据。企业数据库对于普通用户来说，数据体量过大而难以负担。由于建立数据库的初衷是让非技术用户更容易访问数据，上述情况与企业数据库的内涵产生了矛盾。即便如此，很多企业仍建设了企业数据库，因为与直接在业务数据上进行分析相比，企业数据库提供了更为可行的分析手段。

与企业数据库不同，数据集市是部门级的数据库，并且有时是独立于 IT 部门而创建的。尽管基于部门的数据集市弱化了数据整合，限制了分析能力，但它对于解决企业数据库由于其庞大体量而存在的问题有所帮助。例如，如果你确信大部分财务分析用到的数据来自财务数据集市，就可以很好地信赖这一数据源。

当你考虑数据访问时，可能会考虑到（或者说，你必须考虑）访问速度。如果你要进行大量数据分析，可能需要一个特制的"数据库装备"，这种专门的软件和硬件系统会通过优化来实现快速查询和分析。如果你需要快速分析得出问题的答案，就可能需要这一装备。

一些组织认为，它们不需要或承担不起让所有数据都能用于分析。例如，如果你有来自很多不同的交易系统和数据源的客户数据，创建一份完整的客户信息文件是十分困难的。这些组织采用名为"10% 解决方案"的方法。比如，它们对客户数据等特定领域的数据进行抽样，通常是 10% 的样本，并对其进行访问与分析。采样的方法可以对大样本进行令人满意的分析。某家大型银行将此作为构建客户数据库的开始，并在客户细分和目标营销方面取得重大进展。当各业务部门相互独立，并且不清楚在企业级别进行数据管理是否可行与有效时，数据采样的方法可以成为企业数据分析的一个先行手段。

数据隐私，让数据懂你但不认识你

高度数据分析导向的组织倾向于收集它们所关心的实体的大量数据，通常是客户数据，但有时也是员工和商业伙伴的数据，并用生命保护这些数据。五段企业遵循着数据隐私的希波克拉底誓言：首要的是不伤害原则。它们有关于客户和员工数据的明确隐私政策，它们不会违反所在区域或行业的隐私法律。这对于全球化的公司来说尤非易事，因为不同地方的政策差异很大，欧洲的法律就特别严格。这些公司不会因为黑客或无心之过而丢失数据；未经客户和员工允许，公司也不会出售或散布数据。它们以"自愿加入"（opt-in）的方式获得数据作为首选策略，即客户或员工对于数据的获取与使用做出明确的授权。它们对与客户接触的频率有明确的限制，因为不想被客户视为扰人的"害虫"。当对一个特定的分析活动是否跨越合适的限度存在疑问时，他们选择不去跨越。

除了有效的隐私政策，五段企业还需要确保与客户接触的员工也没有向客户泄露敏感数据或泄露和客户有关的敏感数据。例如，特易购公司（Tesco）的一位会员打电话给零售商客服中心，投诉收到了避孕套优惠券。这位会员似乎知道特易购公司经常基于客户之前所买的商品提供优惠券。她问："是否有人用我的卡买过避孕套？"出于保护数据隐私的目的，客服只是冷冷地回答说："有时我们只是随机送出优惠券。"不过，数据库中的记录显示，有人曾用该客户的会员卡买过避孕套。这位客服的回答可能挽救了一段婚姻，这是每位数据分析的从业者应该追求的壮举。

至关重要的数据监管

到目前为止，我们的讨论可能已经让某些人认为，数据借助超自然的力量出现在其该在之处。然而事实是，我们作为不完美的人类在管理着数据。监管这个词意味着，在管理数据上有些人比其他人更重要。对我们而言，监管意味着确保数据在数据分析中的可用性的所有手段：数据具有一致的定义、拥有好质量、经过标准化、进行过整合、易于访问。当然，有人会辩称，虽然确保组织拥有好数据是每个人的工作，但这将使它不再是任何人的工作。如果某个组织想具备五段企业的数据分析能力，需要有特定的角色来完成这份工作。我们将描述最重要的几个角色：高层决策者、所有者／管理者、数据分析拥护者。

高层决策者。在整个组织范围内，保持数据分析项目关键数据的一致性是高层管理者的职责。至少，他们必须决定在什么业务范围内，哪些数据需要进行统一定义和管理。例如，如果客户是主要的分析焦点（可能这也是数据分析工作中最常见的领域），高管必须确保组织内部通行的

"客户"的含义保持一致。大多数高管团队都不以这种方式讨论数据，但如果没有这样的考量，则无法成功地整合数据。

数据的高层次决策也只能由高层管理者做出。即使他们不擅长处理数据所有权、数据管理权以及数据和战略的关系等问题，仍是权衡这些问题的惟一人选。所有的数据不可能都是完美的，只有高层管理者可以决定什么样的数据（客户、产品、供应商、星座等）对组织取得成功来说最为关键。他们必须讨论与战略或分析相对应的数据资产。最后，他们要为数据相关的投资签单，必须对数据相关的主要项目和活动做出最终决定。如果你是负责管理数据的 IT 人员或分析人员，就需要和高层决策者搞好关系，否则会对你不利。

所有者 / 管理者：很多组织需要为特定类型的数据，如客户数据、财务数据、产品数据等，定义专有职责。所有权（ownership）这个词牵涉很广，很可能会造成政治上的麻烦和不满。管理权（stewardship）是避免产生异议的更好的术语。管理权涵盖使数据对业务有用的所有相关责任，这通常是业务管理者而不是 IT 人员的工作，可能是全职，但更多的是兼职。

蒙特利尔银行（BMO）在很大程度上采纳了数据管理的形式。该银行的高管认为，银行拥有它所有的数据，他们"需要商业数据管理小组确保数据在跨业务流程和跨业务部门的范围内得到了恰当的管理"。蒙特利尔银行给数据管理者规定了以下职责：

◎ 业务定义和数据标准。给出数据一致的解释和数据整合能力。

◎ 数据质量。数据的准确性、一致性、及时性、有效性和完整性。

◎ 数据保护。根据数据安全和隐私要求进行合理的控制。

◎ 数据生命周期。从创建、收集到保留、清理，在各个阶段对数据进行
处理。

蒙特利尔银行在不同层面制定了数据管理的职能：在战略层面，例
如，开发一个数据战略和高层次的 3～5 年的规划；在运营层面，例如，
制定数据管理的变更管理策略及程序，在策略层面：例如，开发、交付、
维护数据运营程序以支持企业的数据管理标准。蒙特利尔银行的数据管
理者是业务经理，通常是兼职。

数据分析的拥护者。 尽管 IT 组织善于构建数据基础设施、安装和维
护能够产生交易数据的业务应用，却不擅长帮助组织使用数据制作报表
和进行分析。确保这些工作得到关注的一种方法是创建一个强调数据管
理并确保数据易于访问与分析的小组，这样的小组现在越来越普遍，有
人称它们为商业智能竞争力中心（BICC）。

在组织中，有比促进商业智能更多目标的其他团队被称为"数据分
析推进小组"，还会涉及信息管理（IM）或商业信息管理领域。健康保险
公司哈门那公司（Humana）和南非联合银行集团有限公司（ABSA）是
两个已经建立这种小组的组织。

哈门那公司的小组负责信息管理和信息学，此处的信息学是指医疗
保健机构对病人看护和疾病管理进行的数据分析。该小组的一个首要
任务是制定战略，赢得组织中高管的支持。小组负责人莉萨·图尔维莱
（Lisa Tourville）向公司的首席财务官汇报，尽管她的小组处理的不仅是
财务信息。莉萨有很扎实的保险统计背景，她的愿景是"成为所有与定
量问题相关的倡导者，不懈探索提高分析能力以支持公司决策"。对于这

样一个小组的负责人来说，这是一个宏大的目标。

2001 年，南非联合银行集团有限公司成立了它的数据管理小组，最初关注客户数据。数据管理小组的第一任负责人戴维·唐金（David Donkin）解释了这个小组的任务：让基于数据的以及基于知识的战略构想和决策制定成为可能，利用数据提高业务绩效。这些都是让一个组织更加以数据分析为导向所需的关键部分。

南非联合银行集团有限公司的数据管理小组负责数据库、商业智能工具和应用、数据挖掘以及地理数据系统等。数据管理小组也制定了银行的数据战略与基础架构，它规定了银行如何对数据进行存储和操作。唐金作为代表出席了整个巴克莱银行的数据分析师社团聚会。南非联合银行集团有限公司管理着该公司的业务应用、数据库以及 IT 和网络基础架构。

根据唐金的描述，刚成立数据管理小组时，南非联合银行集团有限公司的数据库"不是以客户为中心，也不以业务为导向，运行不稳定"。数据库存储的数据没有人真的需要，而且很少有人知道如何找到这些数据。现在，数据管理小组改善了在后端的 IT 部门和在前端的业务决策者之间的关系。该小组建设了诸如计分卡、欺诈检测、风险管理、客户分析等数据分析应用，这些推动了交叉销售、向上销售、客户保留、客户细分以及客户终身价值评估等工作。

即使你有一个商业智能竞争力中心或数据管理小组，也无法将 IT 部门和其他业务部门完全联系起来。不管这个小组是否从 IT 部门中独立出来的或是 IT 部门的一部分，你必须有一些懂数据的 IT 人员，他们熟悉你所在行业和公司在做的典型的分析。如果他们懂得这些，就可以帮助组织数据以便于访问和分析。

数据公司的 5 大阶段

得到规整有序的数据对于数据分析来说很重要，因此，大多数机构在进行大规模数据分析前必须开展大量的数据管理工作。例如，拥有超过 800 家商店的荷兰最大的连锁超市 Albert Heijn 为了构建数据分析能力，在数据方面做出了巨大的努力。

20 世纪 90 年代，Albert Heijn 开展了一个根据多个维度实现店面差异化的项目，这些维度包括商品陈列、补货方式、目标客户群等。为了在成本的限制下实现这一目标，Albert Heijn 的管理者得出结论：它需要一个一体化的数据环境。他们制定了公司数据环境愿景蓝图，这个蓝图涵盖和整合了来自整个价值链的数据，形成企业数据库。虽然之前 Albert Heijn 就有大量数据，但分布于多个不同的系统和数据库。这份蓝图的目标是建立一个包含所有流程和业务的统一集成环境，尽可能使用细粒度的数据，以支持整个公司。Albert Heijn 开始了一项持续多年的数据整合项目，并为此花费了 3 000 万欧元。

Albert Heijin 为数据整合项目取了一个古典的名字，称其结果数据库为帕拉斯（PALLAS），这是希腊知识女神的名字。该数据库提取了公司业务系统几十年积攒的 75% 的在线明细数据，超过 3 000 名员工利用这些数据制作报表或进行分析，每周超过 60 000 名消费者使用这个系统查询近期的购买记录。有关店面运营的问题几乎可以得到实时响应。例如，商店特定商品需求的预测每隔 5 分钟就可以更新一次，商店会根据预测自动补货。

建成帕拉斯并且对于报表的基本需求得到满足之后，Albert Heijn 开始将注意力转向数据分析。它成立了一个业务分析小组，在整个公司内执行数据分析项目，使公司的数据分析更加专业；它还采用了在零售业很少见的先进的人工智能技术，并用多年时间建立单一用途的数据集市以支持特定领域的数据分析，其支持的第一个领域是有关补货的项目，以减少脱销和降低库存为目标。现在，Albert Heijn 使用帕拉斯的数据进行着很多数据分析项目，这些项目包括客户忠诚度、陈列优化、促销分析等，并帮助该公司商店引进非食品类商品。没有集成的、高质量的数据，就不会有这些项目。

表 1-1　　　　　　　各阶段的数据分析情况

从一段缺乏数据分析到二段焦聚数据分析	从二段焦聚数据分析到三段构建数据分析愿景	从三段构建数据分析愿景到四段成为数据分析型企业	从四段成为数据分析型企业到五段成为数据分析竞先者
掌控局部化的关键数据，建立部门数据集市。	在企业范围内，就某些数据分析的目标和数据需求达成共识；建立如客户领域等某些具体领域的数据库以及相应的数据分析技能；激发并奖励跨部门的数据共享与数据管理。	建立企业数据库并整合外部数据；就企业数据库的规划和管理游说高层管理者；监控新兴数据源。	使高层管理者认识到并重视分析型数据的竞争潜力；充分发掘和利用独有数据；建立有效的数据监管能力；如果还不具备，尽快构建商业智能竞争力中心。

我们已经描述了很多极其复杂的数据分析竞先者的特点。如果你不追求如此高水平的数据分析将会如何？歌剧院、马戏团和其他行业如何使用数据分析？这一章余下的部分介绍了组织在数据分析水平比较低的情况下，应该如何对待数据，如何进入下一阶段。

从一段到二段。这一阶段需要做的是基本的数据掌控，一段企业通常会忽略这些。不过，如果只做到这一步，数据会不一致，而且质量会很差。因此，为了进阶到二段，需要使用特定的功能以从现有的业务系统中提取必要的数据，使得这些数据可用于分析。这一阶段没有企业数据库，我们可能只看到部门数据集市的雏形。

从一段到二段的进阶过程中，所有分析活动和涉及的数据往往由局部创建，并保留在本地。职能部门或业务部门调集必要的数据和分析师，在部门内开展分析活动。整个组织内有很多不同目标，因此，企业几乎没有能力关注数据清理和数据可访问性等问题。

从二段到三段。高层管理者已经表现出对分析感兴趣的迹象，这会鼓励组织内部从事数据分析或以数据为导向开展工作的员工之间开始交流和合作。这一阶段的关键是确定新的数据来源，从交易数据库中抽取数据，从外部购买数据，用以分析。组织内的成员也开始在关键的分析目标上达成共识，也开始认识到数据需要得到整合与共享。

一个企业级的目标使得组织开始关注能够支撑未来数据分析战略目标的特定领域的数据规划。例如，如果一家企业认为它未来主要关注客户分析，建立客户数据库就是它最重要的工作。类似地，围绕客户数据和客户分析培养专业技能也应是首要任务。如果长期愿景包括产品数据、理赔数据、基因组数据或者其他一些关键数据，那么也应开始聚焦这些领域。

从二段到三段的转换过程中，数据和其他资源开始被视为企业级的而不是部门级的。企业级数据战略开始浮现。已经建立了数据能力的职能部门和业务部门领导者会因为其所选用的数据和数据分析方法，在整个组织层面受到批评或者表扬。因此，在企业中坚定的领导力是达到这一阶段的关键，而不能只凭激情。局部数据所有者会因为不再独享数据而得到奖励，否则将受罚。

从三段到四段。这一阶段的企业对于它希望借助分析走向何处有一个长远的愿景，但由于某种原因而感到这一目标在短期内无法实现。进阶到四段的关键是整合组织的能力，创建企业级的具体数据分析项目。从数据角度来看，必须把重点放在建立跨职能部门的数据能力上。这意味着组织需要将部门级数据集市替换成企业级数据库。数据库中的数据主要来源于内部的业务系统，不过，越来越多的数据来源于内部和外部数据的融合。为了证明这些活动的合理性并为其提供经费，高管必须处理和咨询与数据相关的问题。

我们发现了一些组织，它们的长期愿景包括规划使用一些现在还不具备可行性的数据。例如，医疗机构和制药公司看到了"个性化医疗"的未来。"个性化医疗"就是根据病人的基因组和蛋白质组的特点开处方。现在，这一数据既贵又难以管理。因此，跟踪所需的数据的进展、了解这些数据什么时候可以用就很重要，如果可以建立一个试点项目试着分析现在可用的数据，那么当这些数据最终可用的时候你就知道如何处理它了。

从四段到五段。五段企业与四段企业有哪些不同？四段企业通常能够有效管理数据并拥有大部分所需的数据，有足够的业务系统、数据库，甚至还有一些非数字化的内容。然而，这些企业还没有使用数据获得竞争优势的冲动，它们没有出于分析目的来优化数据环境，而且，可能没有很关注行业内的独有数据。它们还没有专门的数据监管部门，以居中调节业务中的分析师、决策者和 IT 部门数据分析项目开发者之间的关系。

由于四段企业和五段企业的主要不同点在于对分析的激情，所以这一阶段进阶的关键是激发管理者对数据分析潜力的憧憬。我们不建议开展每星期一次的算法评审日，而是通过尽可能多的竞争公司和其他公司使用数据获得竞争优势的例子，对管理者进行教育，强调良好管理的和具有差异化的数据在以数据分析为导向的战略中的重要地位。在组织中，对一个关键数据源的简单评估能够激发员工的想象、促成行动。

就数据监管而言，开展一些数据监管活动或开展一些与业务相关的数据管理功能试点活动，是大有裨益的。也可以筛选一位对此抱有兴趣的管理者作为数据监管者；或者，也可以建立一个小型的商业智能竞争力中心。

可以跳过或加速的阶段

在数据领域中，企业在进阶的过程可能会忽略掉一两个阶段，甚至快速通过一个阶段。如果你正处于一段，想成长为更加以分析为导向的企业，那忽略掉二段中存在的数据藩篱的方法值得推荐。如果你的高管团队支持跨部门的、面向企业的方法，开始建立一个企业数据库就是明智的选择。要做到这一点，你需要明确应主要聚焦于何处，需要具备三段企业管理者才具备的目标和愿景。

通常无法从一段、二段直接跳到四段、五段。让数据基础设施就绪，让与数据、分析以及与分析战略相关的人员就绪，是需要时间的。另外，沿着分析的成熟曲线前进所需的投入，只有高管从早期项目中看到其价值后才会获得支持。不过，如果首席执行官和高管团队很支持你，你就可以快速取得进步。

ANALYTICS
AT WORK

成为数据分析竞先者

◎ 在管理数据的组织中，要有人能够理解数据分析，并知道如何创建数据分析，并且有人可以向他人介绍关于用于数据分析的数据和用于业务系统或报表的数据之间的区别。

◎ 如果你无法获取某个特定领域（比如客户）的全部数据，那就用部分数据建立一个统计上有效的样本。如果你只是需要方向性的认识，使用样本会更快捷、更便宜。但在大部分情况下，你要尝试去获得尽可能多的明细数据。

◎ 创立一个小组，其工作是确保业务数据被良好地定义、维护和使用。

◎ 为管理客户、产品和雇员等关键数据，你应该在 IT 领域之外寻找数据管理者。

◎ 寻找你的组织中能够用于数据分析的独特的、专有的数据。

◎ 尝试使用视频、社交媒体、语音、文本、气味等非结构化数据。也不一定是气味数据，除非你的公司涉及个人清洁业务。

◎ 不要因追求完美而把全部时间和资源投入数据的完备性、数据质量和数据整合等工作中，省下时间用于分析。

02

E 建立大数据战略，打破企业信息孤岛

ANALYTICS AT WORK

我们在前面用整整一章谈论了数据，下面我们再讲述一个案例。近年，一家大型跨国企业进行了一项大胆尝试，在全球范围内通过一个名为OneData 的项目来推动整个企业向分析型企业转变。该项目旨在将数据作为一种关键的、具有竞争优势的资产来管理，鼓励企业上下利用这个"真相的源泉"（某位管理者的比喻）来提升业务洞察力，并最终优化企业决策。OneData 项目抓住了数据分析的一个重要原则：和企业全局性视角相对立的，并不是局部或者各自为政的视角，而是分裂或碎片化视角。为了形成企业整体性的视角，企业要做的工作并不仅限于数据整合、分析或者统一构建 IT 平台，而是要从根本上消除由于管理者各自的日常工作、需求、顾虑等原因形成的片面的、局部性的视角，取而代之的是形成整个企业的统一的、全局性的视角。这听起来像是在宣扬东方管理哲学，但它确实行之有效。

如果没有整个企业的宏观视角，则无法解决涉及企业绩效和竞争力的核心战略问题。如果数据是支离破碎的，很多关键的企业管理问题就无从解答，比如：

◎ 对于未来的成长和盈利，哪些绩效因素具有最大的影响？

◎ 对于不断变化中的市场环境，该如何进行预测与应对？

◎ 客户满意度的提升对于企业利润会产生什么影响？客户忠诚度是否
  比诸如订单量等其他指标更加重要？

◎ 对于不同产品、区域和营销渠道的投资组合，如何进行优化？

◎ 管理者的决策是否与公司整体的战略相吻合，或者仅仅是从其自身
  的利益出发？

只有当决策者的目光能够跨越各个独立的领域、业务单元和业务流
程，并基于整个企业的数据来进行思考时，数据分析才能为上述问题给
出答案。同时，企业全局视角可以让数据的分析和模型的建立诚实可信。
**如果没有来自高层的严格标准加以约束，人们会出于狭窄的视角或者自
利性考虑，对假设或潜在风险进行加工过滤。**

关于效率和风险的战略考量并不是采用企业全局视角的惟一原因。
协调一致的方法也将提升包括 IT 部门在内的各个业务流程、业务单元的
分析的活跃度。如果没有分析战略和路线图的指引，大多数 IT 团队将为
了应付业务需求而疲于奔命。没有方向性的指引，项目管理者的精力将
消耗在很多并无多大意义的工作上，丧失一些有意义的项目机会。IT 团
队则将首选支持那些相对容易、已有现成数据或抱怨最强烈的项目。更
糟糕的是，他们会因陋就简，不管手头有什么现成的数据都拿来凑合，

寄希望于运气。默克集团（Merck KGaA）的管理者罗宾·德哈罗（Robin DeHaan）认为，这种分割式的方法会导致很多问题："这样做的后果是，权宜之计替代了战略思考，从而导致更多即发性的活动，更多临时性的行为，更多独立无关的数据库。

没有全局性的协调一致，各业务部门的管理者就会试图构建自己的数据分析领地，某家中西部的医疗服务供应商的情况正是如此。根据该供应商的一位副董事长和一位总监的描述，分析项目被分散到4个集团和7所医院中，而整体的分析项目又缺乏明确的责任归属，各家医院高层管理者也乐于自己的行为很少受到监管。最终，他们发现，数据分析工作很难打破组织间的障碍："没有人能搞清楚整体的情况。即便如一些基本工作，比如建设中央数据库以整合分散在各处的数据，其艰巨程度如同重新构建联邦政府一样。"

重复的工作同样会导致矛盾和错误。使用不同系统、不同数据源的管理者和员工，其分析与数据会不可避免地出现不一致的情况，他们之间也会发生争论，都宣称自己的分析才是正确的。各方如罗密欧家族和朱丽叶家族一样，仿佛有世仇，互相诋毁、竞争，而非同心协力。

企业层面的协调一致可以降低复杂性。如果不能对企业内部的分析需求有所认知，甚至不知道正在规划或是实施阶段的项目有哪些，不同团队就可能重复购买相同的数据和软件。最终，数以百计的数据集市、报表工具、预测工具、数据管理解决方案、数据整合工具乃至方法论会像野草一样蔓生开来。我们曾见过这样一家公司，虽然有275个数据集市和1 000个不同的数据源，却始终无法基于此形成关于绩效指标和客户洞察的统一视图。通常来说，如果事情开始的时候不统一协调，驾驭这些活动将会非常困难。这方面的一个案例发生在百思买公司，该公司认识到，精简与组织293个分析系统和数据源可以提升分析质量并降低成本。

2/3 的美国大型企业认为，自己需要提升企业级的分析能力；不过，仍有超过半数（57%）的受访企业表示，缺乏对企业级的整体分析能力的持续更新；而几乎 2/3（72%）的受访企业表示，正在致力于扩大分析在日常业务中的应用范围。

绝大多数首席信息官都认为，只有基于整体的 IT 战略，才能真正从数据分析中获取价值。75% 的受访企业希望消除数据孤岛，而 76% 的首席信息官计划制定针对未来三年的企业级商业智能战略规划。尽管首席信息官们提供了很大的支持，仍有一半以上的人表示企业缺乏企业级的分析策略和方法。

如果你不是首席信息官，可能会很自然地置身事外，依旧只把注意力局限在自己现有的领域内。但是，这样会导致糟糕的决策和自利性的项目，而非审慎的且具有全局视野的工作。对此，我们的建议是：对于任何分析工作，一开始就要从企业的整体角度着眼。即使是仍处于一段的公司，最好也要有前瞻性的眼光，考虑到未来可能出现的各种情况，把局部的、部门级的项目视为未来更高层次工作的基础。

企业级视角

当前，企业业务多样、分布广泛。我们曾和一家多元化的金融服务提供商讨论过，该企业正为这样的问题苦恼不已："我们有各种类型的客户，我们在全球不同的市场开展业务，为客户提供不同种类的产品，在充满变数的经济环境里进行日常的资产合并和剥离工作。鉴于这种情况，我们该在何种程度上进行数据、分析和流程的整合？"对于特定企业来说，这确实就是所谓的"企业级"问题。

下面我们以通用电气公司为例。通用电气公司的销售范围包括风力涡轮机、汽车贷款、喷气发动机、洗衣机、荧光灯泡和《周六夜现场》的播出时段等。是否有这样的需要，将德国的风力涡轮机客户和泰国的洗衣机客户的信息在整个企业内实现共享？客户分析是否应该跨越上述业务的边界？答案也许是否定的。但在某些领域，比如人才管理和批量购买协议方面，通用电气公司应该在不同业务单元甚至在整个企业内进行数据共享。通过资本金融服务业务（capital financial service business）构建通用的和集中化的分析能力，通用电气公司已经开始朝着企业级的决策分析迈出了第一步。

如何在分析方面采用企业级的视角，这取决于一个问题：就当前和未来的情况而言，企业中谁还会对同样的数据、技术和分析感兴趣？任何一个已经或将会分享客户、市场、库存和供应商等数据的团队，或者任何希望针对自身业务开展同样分析工作的团队，都应该被看作企业的组成部分。如果还有疑问，征询其他团队是否需要共同的数据，以回答表 0-1 中的 6 个分析类问题中的一个。如果答案是肯定的，那么在技术架构、数据、数据定义、数据分析和决策流程等方面的协调工作就是有价值的。

有时，一个商业网络会在多家企业之间共享数据。沃尔玛就以与其供应商共享数据而闻名，以此希望供应商能在与零售商的合作中降低价格并提升销量。根据 2006 年埃森哲公司的调查，24% 的企业与客户之间有这种直接的数据合作，15% 的企业则与供应商之间有相同的、直接的数据合作关系。致力于帮助客户和供应商提升决策质量的企业，将不仅需要分享数据，还必须在分析工作和相应技能方面进行分享，以此构建所谓的"拓展型企业"（extended enterprise）。

对于全球化的大型企业联合体或刚完成合并的企业而言，按照地理区域或业务单元进行企业实体划分是不现实的，那就面临一个相当棘手的问题，应在哪种级别上协调和整合数据？比如，法航荷航集团（Air France-KLM）的管理者就这样描述自己的企业："一家企业、两家航空企业和三个业务单元（客运、货运、维修服务）"。因此，从分析的角度来看，到底是把它看成一家、两家还是三家不同的企业呢？对此，我们在表 0-1 提出的 6 个问题能提供某种程度上的帮助。比如，从"将要发生的最好或最坏的情形是什么"这个问题的答案可以看出，在对航空公司机组成员和维护保养团队的优化上，该集团应该将法国航空公司和荷兰皇家航空公司放在一起考虑的。

不过，可能由于某些现实或者法律因素，数据不得不仍然局限在各自的孤岛上。比如，我们无法想象诸如嘉露（Gallo，著名葡萄酒品牌）这样的造酒商会发起一个全国性的"美酒常客卡"活动。因为美国各州乃至各郡关于酒精销售和分销的法律大不相同，使得此类促销活动基本不可能实现开展或效果不佳。而且，那些经常性收购或出售业务的企业也很少会将子公司的数据看作自己的。如果子公司或分支机构的数据、系统和决策相对独立，将其剥离会简单得多。

拥有多个 IT 部门的企业在分享数据和 IT 基础架构方面同样会遇到较大的问题。那些大型跨国企业在不同地区可能有本地化的 IT 部门，这就妨碍了企业级数据分析架构的形成。另外，企业级分析方法的需求可能随着企业的战略而演变。比如，一家多元化的欧洲企业在历史上一直单独管理各业务单元，但当其试图进行产品整合时，就着手构建了更加统一的数据管理规划。

搭建一个好平台

如前所述，在制定企业级数据战略这件事上，绝大多数首席信息官都抱有良好的愿望。对于那些希望让企业形成基于事实的决策机制的管理者来说，这是一个好消息。但是，正如在拥挤路段指挥交通的警察告诉你的一样，良好愿望未必能带来良好的结果。IT 团队不能让自己置身事外。

为此，首席信息官和 IT 团队必须同时面对两个重要工作。其一，必须支持好当前最重要的数据分析工作。一般来说，以往 IT 团队的工作重点是业务型的应用，而在如数据分析等更关键的工作上投入较少。其二，针对企业整体在当下和未来可能的需求，构建数据分析的 IT 基础架构。必须防止只是将数据分析作为现有的业务应用的附加功能。如果 IT 部门不能构建平台以提供标准化的、经过整合的数据，如果不能提供用户所需的应用，如果不能根据战略的变化灵活调整，数据分析就无法拓展成为整个企业级别的应用。

在数据分析项目启动的早期，IT 部门倾向于提供自助式服务，以类似于自助服务加油站卖汽油的方式提供报告：汽油类型是有限的，而客户自己加油。自助服务在数据分析的初期绝不是一个坏主意，这样可以为员工提供标准的报告并能释放 IT 资源给其他的工作。但是，在数据分析的成熟期，比如四段企业和五段企业，IT 部门需要由被动协助自助服务的操作员转变为在数据分析上更加主动的鼓吹者和架构师，IT 部门应当更为主动地帮助决策者获取数据分析所需的数据与技术，并且帮助决策者获得有助于决策的业务洞察。最终，IT 部门应该成为企业分析能力构建的部分责任方，而业务部门的领导者也应当有此预期。

IT 部门必须理解并能清晰表述数据分析对企业的潜在价值。如果他们没有整个企业的视野，就无法构建针对整个企业的支撑系统。IT 员工应该与建模的数据分析专家和使用数据的分析师直接交流：交流得越彻底，对于数据分析、各自的潜力及风险的理解就越深刻。说到相互理解，如果能消除与业务人员在语言上的鸿沟，IT 管理者的工作就会变得相对容易。和业务人员谈论云计算、SOA 或者 OLAP 之类的纯技术术语是没有意义的，他们应该更多地谈论决策、洞察和业务绩效之类的问题。

构建企业级的分析平台是一项长期而艰巨的工作。但是，千里之行，始于足下。首先，应当将诸如 ERP 和 CRM 等系统所管理的交易和业务流程的数据进行整合。这只是开始。根据埃森哲公司对企业系统的使用情况调查，那些从中真正受益的企业都期望能够利用数据产生洞察进而改善业务绩效。

上述这些基础的工作提升了成功的可能性。那些到达五段的企业开发了稳定可靠的数据管理环境，囊括一整套企业级的系统、应用和监管流程。此时，企业开始尝试消灭遗留系统和混乱的代码，更进一步地，消灭诸如数据集市、数据表格之类的信息孤岛。对于那些孤立的分析应用，要么迁移到中央的分析系统，要么干脆停用。

企业也会尝试新的数据分析工具。比如，宝洁公司就引入了初创公司 Terra Technology 的一款短期需求预测工具，希望借此来优化库存。结果证明，这个新工具可以让短期预测的错误率降低 30% 以上。根据宝洁公司的估计，由此可以在全球范围内新增 1 亿美元以上的现金流。全球广告代理公司 Draftfcb 则通过各种工具为客户和同行提供分析洞察与结果。该公司的分析专家用包括 Flash 和开源工具在内的各种工具来实现数据的可视化，以阐明品牌概念之间的关系。Draftfcb 的实践表明，成功的分析活动不仅和数据以及所用的技术有关，还需要会讲故事和吸引眼球的可视化展现。如果没有企业层面的团队进行支撑，Draftfcb 是无法完成这些工作的。

当然，我们不会忽视分析工具和应用的重要性。之前那些小型的独立分析工具厂商，比如 Business Objects、Cognos 和 Hyperion，正逐渐被大型厂商如甲骨文公司、微软公司、SAP、SAS 和 IBM 吞并与整合。企业级软件套件的标准化有助于数据管理方面的一致性，并且构建了一个包含数据存储、分析、展示和变换等各方面工具的集成环境，进而提升业务流程。

在从单点的孤立型应用向软件层面的套件转变的过程中，厂商们仍不断尝试各种创新以将分析嵌入业务流程和工作流程中。数据库供应商正在对基本的 SQL 查询功能进行扩展，引入比如预测、回归、决策树、聚类和贝叶斯分析等分析方法。随着客户对运营决策流程中业务洞察的需求的提升，业务软件在分析方面日趋复杂。

　　如果你是数据分析的用户或者支持者，可能会觉得上述对于 IT 部门的要求太多了。值得庆幸的是，构建企业级的平台是 IT 部门的任务，而不是你的任务。作为一名企业管理者，你的任务是把注意力放在数据和系统的当前和潜在用户身上。你应该和 IT 团队直接沟通，提出明确的问题和需求，确保企业拥有可用的、监管有序的分析资源。在整个过程中要保持足够的耐心：达成最终目标之前可能会经过多次的迭代与修改。

从企业级视角管理数据分析师

　　实现企业级的分析活动并非只和数据和 IT 相关，实际进行分析工作的人员毫无疑问会被牵涉其中。上面我们提到了阻碍工作的各种孤岛，在分析人员中也存在着同样严重的问题。第 5 章将对分析师方面的问题进行论述。如果你迫切想了解的话，可以直接跳到第 5 章阅读，尽管这样会稍显仓促。

重新定位企业

　　已经到达五段的企业已经认识到，数据分析对整个企业具有重大意义。分析已经融入日常的业务流程中，各个业务单元的管理者和员工都能基于事实做出决策。企业处于持续的自我进化过程中，在改造业务流程的同时不断在分析方法和工具上进行创新。整个企业的业务运转由面向分析的、灵活的、集中式的 IT 架构所支撑。所有这一切都得到企业战略规划与管理流程的支撑，企业战略的制定将数据分析放在了重要位置。管理者和普通员工都真正地理解了分析的重要性，知道如何将分析与企业战略相结合，明白风险所在，并渴望将上述见解付诸实施（见表 2-1 ）。

表 2-1		企业数据分析在各阶段的演进过程		
从一段缺乏数据分析到二段聚焦数据分析	从二段聚焦数据分析到三段构建数据分析愿景	从三段构建数据分析愿景到四段成为数据分析型企业	从四段成为数据分析型企业到五段成为数据分析竞先者
为小规模的数据分析项目寻找同盟者，这些项目虽小但确实具有跨部门的潜力或者具有全局的战略性潜力；在局部范围对数据风险进行管理；与IT 部门合作，制定数据标准并选择相应的工具。	选择与多个业务领域相关的应用；在确保可管理性的前提下考虑未来的可扩展性；建立数据隐私和数据安全的标准；针对分析工作，以渐进的方式构建企业级的数据分析基础架构。	针对企业全局或主要业务单元，制定数据分析战略和路线图；对所有的分析类应用进行风险评估；针对分析工作所需的技术和架构，建立整体的管控机制。	在企业的层面管理数据分析与数据资产的优先级；建立企业级的模型审查和管理机制；在整个企业中，让分析工具和基础架构的覆盖范围更广泛、更深入。

从一段到二段。在这一阶段，还没形成对于数据分析的企业级整体观、兴趣或者能力。不过，需求是客观存在的。某些人，或许是新晋的员工，需要解决问题或做出决策，却无法从现有的系统中获得所需的数据，他们急需高质量的数据。这些先行的探索者可能会在私底下构建自己小型的即席查询分析应用，把一切可能获取的数据利用起来。这就是迈向企业级分析漫长而艰难的路程的开始。如果你是数据分析孤独的先行者，就要一边从上层获得对数据分析项目的支持，一边向持怀疑态度者阐明

其价值所在。你能为自己的非暴力革命寻找到的盟友可能是因数据需求未被满足而深受困扰的业务部门管理者，也可能是对于新计划跃跃欲试的 IT 管理者。一旦获得了相应的支持，你应该从一个具体的业务场景出发，制定小规模的、易于达成的分析类项目。确保与同盟者共享信息和荣誉、追踪投资回报率、对信息进行保密。如果示范性项目逐渐获得认同，那么你已经到达了二段的高度。至此，就应该开始着手思考企业级别的数据分析应当是什么样的。

从二段到三段。经过了数月或者数年之后，首批数据分析项目已经证明了自身的价值，开始引起 CEO 和其他高层的关注。此时，你的目标是要开始有选择地规划企业数据分析能力。在这个转折点上，有前瞻性的企业可能就会着手用于数据分析的 IT 平台的标准化工作。当然，大部分企业还处于规划阶段。

下面将逐一论述必要的工作。首先，对于什么是"企业级"给出明确的定义，和企业管理层一起规划数据分析所能发挥的作用的愿景；然后，明确最佳的战略目标和相应项目；最后，明确预期的收益以及评估手段。进而，通过对业绩数据的分析，找到推动企业发展的关键因素。要对企业的现状进行评估：包括企业技能、业务流程、分析相关的风险管理能力以及技术能力等。它们现在是什么样的，将是什么样的。

在规划的过程中，要让管理层明白数据分析中存在的风险，不要过于激进。将每个项目都当作一次展示的机会，借此打消各种不可避免的质疑。同时，为艰巨的斗争和妥协做好准备。你很有可能会威胁到某些管理者，尤其是当你的企业不是为基于事实和数据分析进行决策时，质疑会更多。对于那些质疑者，你必须满足他们的某些需求，以此换取你所想要的东西。

从三段到四段。现在，你的企业正在从规划阶段转向真正的实施阶段。你已经确定了最重要的战略性应用，并准备开始实现数据和技术的标准化。在这个阶段，高层经理者会积极要求基于数据分析的决策，如果他们不能得到这样的决策，将会推动其发展。此时，你的企业已经真正以一个数据分析型组织的形态在运转了，而非之前的只是心向往之。为了工作的正常推进，你必须应对好两种压力。其一，使得新 IT 的基础架构和标准就绪。你必须事先构建好相应的路线图，然后按部就班地加以实施。要注意，操之过急通常意味着错误和抵触。其二，新数据政策的落实也不容易，这意味着要改变人们的工作习惯，由此可能会不断地招致反抗。在本阶段，流程的数据开始在各个利益相关者之间共享，有些人可能会担心丧失对数据的控制权，并因数据的定义和数字差异而感到困惑并发生争吵。为此，你也许不得不通过一个长期的"惟一的真实版本"项目解决争端。

从四段到五段。顺利达到四段是一件值得庆祝的事情，你已经成为分析革命中的先行者。尽管你不具备切格瓦拉那样的传奇色彩，但这丝毫不影响你基于事实和分析做决策。现在，如果管理层已经决定向数据分析进行全面转型，那么还有更多的工作需要完成。一种可能的情况是，企业中仍有某些领域或业务单元还处于一段的或三段水平，必须促使其加速前进。你需要重新审视 IT 架构和基础设施，需要知道为了让数据分析处于核心位置，还有什么工作需要做，并加以实施。在这一阶段，包括项目管理、IT 支撑、分析专家等在内的所有为数据分析服务的技能与支撑单元都已经是企业级别的团队。最困难的是让普通员工适应变化，因为对他们而言，企业业务模式的变化意味着自身工作内容和职责的改变。IT、人力和运维团队则需要在管理技能上随需而变。

企业的分析能力不仅限于数据整合或者建立企业级别的 IT 平台，更大的作用是将以前众多拥有自己的打算、欲望与恐惧的管理者统一到一个使用数据分析管理企业的具有远见的和全局性的视野之下。为了改变员工对于数据分析的认知，说服他们克服其片面观念和自身恐惧，仅仅靠发送通告或安装新系统是不够的，其真正需要的是领导力，即 DELTA 模型的第三个要素。

A N A L Y T I C S
A T   W O R K

成为数据分析竞先者

◎ 在 IT 部门寻找志同道合者，并找到其他盟友或利益相关者。

◎ 落实企业数据质量和数据安全的职责，开展数据监管活动。

◎ 持续性地构建和完善分析环境，不要希望一蹴而就。

◎ 在企业内部，做好分析资源的供给（数据、技术和分析师）和
需求之间的平衡。

03

L 不只是 CEO，人人都要有数据领导力

ANALYTICS AT WORK

如果必须选择一个决定组织数据分析形态的最重要因素，我们将选择领导力。如果领导者支持数据分析计划，则更容易取得成果。领导者对文化有很强的影响力，能调动人力、金钱和时间来帮助推动基于数据分析的决策。10 年前，当我们首次做关于企业怎么建立数据分析能力的调研时，我们得出的结论是，最重要的先决条件之一就是，拥有基于数据分析做决策的领导者。这是我们至今仍坚信的推论。

我们可以对早期的想法、著作和演讲进行一次修订：我们可能太狭隘地把注意力聚焦在 CEO 身上。现在，要成为一个全面的数据分析竞先者，你毫无疑问仍然需要 CEO 的支持。然而，同样毫无疑问的是，几乎任意一名员工都能推进公司在数据分析方面的进步。的确，显赫的头衔和大量的资源是很有用的，但在本章中，我们将要讨论那些不是 CEO 的人是怎么使他们的公司变得以数据分析和以事实为导向的。

我们将首先聚焦在数据分析领导者的典型特质上，也就是那些能够帮他们的公司迈向基于数据分析做决策的品质。如果你愿意的话，可以把这些特质当作评估一个数据分析领导者、你自己或你认识的人的标准。有些特质可能在像 CEO 这样的高层管理者身上更可能找到，其他特质则更适用于中低层的管理者或个人。

这章包括了在组织中处于不同地位的数据分析领导者的 4 个实例：数据分析部门的领导者、职能部门的领导者、业务单元的领导者、CEO或董事长。我们将会讨论每个领导者是怎么展示我们列出的多种数据分析领导力特质的。实际上，上述不同类型的人员不可能具备所有的领导力；任何人都能推动企业变得越来越以数据分析为导向。

数据领导力 5 大元素

在企业中，每个级别的数据分析领导者都展现出了一些共同的特质。当然，没有领导者能具有所有的特质，并且不同的领导者拥有各种特质的比例也不同。不过，在讲述这些特质是怎么在他们身上具体表现之前，我们认为有必要先抽象地把这些特质列出来。数据分析领导者倾向于展现出如下行为。

1. 培养他们的人际交往能力。数据分析领导者需要有好的人际交往能力，这是一个并没有听起来那么明显的特质。很多数据分析高级人才看起来更喜欢与电脑和数据为伴，而不是与人打交道，他们并不能心领神会或者很好地与他人交流。人类甚至没有排序函数或搜索界面，怎么可能和人类打交道啊？但如果你没有很好的人际交往能力，就不会成为任何类型的好领导者，包括以数据分析为导向的领导者。

　　2. 推动人们更多地使用数据和分析。一个数据分析领导者的核心职责是让人们基于数据和分析做决策。如果有人向你提出一个基于直觉的建议，而你是一名数据分析型领导者，就应该拒绝他。你可以鼓励这个不守规矩的人去搜集更多的数据，把它与一些其他的数据联系起来，进行相关性分析，或者建立一个多元概率单位回归模型。如果你允许他人将草率的逻辑和没有数据支撑的直觉作为他们主要的决策工具，他们自然不会迈向以数据分析和事实为基础的决策。这些新型的决策工具更加难以掌握。大部分人需要一点督促才能迈向数据分析阶段。

　　3. 雇用有才能的人，并委以重用。作为一名数据分析领导者最重要的职责之一是，雇用有才能的分析师。许多之前并没有很好地利用数据分析的企业发现，它们几乎没有真正能做数据分析工作的人才，所以必须引进这样的人才。说服具有量化分析背景的 MBA 和博士来哈拉斯娱乐公司和西尔斯百货公司这种从没有雇用过这种人才的公司去工作是件很难的事。一旦他们入职，好的领导者会给分析师提供有挑战性且得到足够支持的工作环境，并给予他们工作应得的荣誉。然而，我们都看到过有的管理者在会议上把别人的分析当成自己的成果一样加以陈述，他们都不是好的数据分析领导者，甚至都不是好的领导者。

　　4. 亲力亲为，树立榜样。数据分析领导者并不是光说不练，他们通过在自己的决策中运用数据和分析树立榜样。这并不意味着他们必须知道结构方程模型或者卡方自动交互检测（简称 CHAID）的所有细节，但他们确实有和对下属要求一样的、基于事实进行决策的冲动。有时候，他们会觉得需要自己亲自动手处理数据，并与分析师就数据分析展开头脑风暴。他们会这么做是因为他们喜欢数据分析，他们想让其他人效仿自己的榜样。

5. 勇于承诺结果。就像 Hotel.com 的数据分析师乔·梅吉鲍（Joe Megibow）指出的，经常发现一些中级或初级分析师抱怨他们企业缺乏数据分析的领导力。如果他们的工作成果能得到赏识该多好！如果有人能理解他们工作的重要性该多好！但他们也要有所作为，主动承担领导责任。他们可以在组织中向其所服务的部门和其能控制的部门承诺达到特定的结果。如果他们在直邮广告部门，可以承诺提升一定程度的营销比例；如果他们从事网站分析，可以承诺增长网页浏览数；如果他们服务于供应链，可以承诺把库存降低到一定程度。这会促进公司整体数据分析能力的提升。而且，如果目标达成了，对目标做出承诺的那个人可能会升职。这恰恰是梅吉鲍的收获，他获得了提升，成为 Hotel.com 母公司 Expedia 的高级数据分析师。

6. 教导。数据分析领导者是把数据分析视角应用于商业的极具耐心的老师。他们有时会教授真正的数据分析技术，有时会温和地指导员工和同事，使他们更严谨地思考和制定决策。如果你接受了最好的那种数据分析领导者的教导，你甚至都没有意识到，你的能力突然间提高了，你还认为这都是靠你自身的努力做到的。

7. 制定战略和绩效预期。好的数据分析领导者知道数据分析和基于事实的决策不会凭空发生。为了让人们知道把他们的数据分析技能运用在哪里，怎么运用，他们需要一个面向业务、职能单位，甚至部门的战略。我们要努力完成什么？数据分析会帮我们取得什么成果？制定了战略之后，数据分析领导者需要制定一系列公司和直接下属要达到的绩效目标。制定衡量标准本身就会将公司推向更加以数据分析为导向的方向，并能激励员工开始主动地使用数据分析工具。

8. **寻找杠杆**。由于数据分析可以用于各种各样的商业问题，把它们用在能带来变化的地方是很重要的。优秀的数据分析领导者知道到哪儿去找这种杠杆，就是那种在由数据分析驱动的流程中，一个小小的改善都会造成很大差别的地方。举个零售业的例子，利润率的微小改善会由于巨大的销售量而获得成倍效果。我们之后会提到的一位数据分析领导者汤姆·安德森（Tom Anderson）说，他在寻找一个存在倍增效应的业务，在这个业务中，就算只是一个小的数据分析优势也会由于促成业务成功的不同因素而效果倍增。

9. **愚公移山的精神**。数据分析领导者必须是一位埋头苦干、坚持不懈的实干家，因为把数据分析应用于决策制定、业务流程、信息系统、文化和战略，不会在一夜之间发生改变。尽管有时真的发生了变化，领导者必须不断地修正和更新他们的数据分析方法。所以，如果你想成为一名数据分析领导者，就要有足够的耐心，并做好长期准备。

10. **建立一个数据分析的生态系统**。在构建数据分析能力的过程中，数据分析领导者很少是独行侠。相反，他们必须建立一个由他们公司其他领导者、员工、外部数据分析供应商、商业伙伴等组成的生态系统。这个网络提供人才、建议、资源、工具和常见问题的解决方法。实际上，领导力不是来自个人，而是来自整个公司的数据分析领导者组成的网络。

11. **多线作战**。数据分析领导者明白，有单一的应用或行动不能使他们的公司取得成功。因此，他们沿着一系列项目的多样化路线前进。有些方案可能更加以技术能力为重心，而有些可能涉及更多人员的能力或组织的数据分析能力。

12. 了解数据分析的局限。 好的数据分析领导者知道什么时候利用直觉，他们把艺术和科学结合起来做决策。他们虽然尽可能地运用数据分析，但心中也有大的图景。在业务的有些方面，例如，察觉业务模型和转变客户价值，就需要人脑的思考。

为了使这些抽象的特质具体化，我们举了 4 个来自不同企业级别的数据分析领导者的实例，每个实例都是通过对相关人员的采访得到的。我们用黑体标注出刚刚描述过的特质，以防你已经把它们给忘了。

数据分析领导者实例

香农·安托查（Shannon Antorcha）
嘉年华邮轮公司（Carnival Cruise Line）数据分析部门领导者

香农·安托查是嘉年华邮轮公司数据分析部门热心的领导者与实践者，她为公司构建了数据库市场营销能力，而该公司是世界上最大的邮轮运营商嘉年华公司（Carnival Corporation）旗下的旗舰品牌。她已经在嘉年华邮轮公司工作 10 年了，从财政部门做起，到 2006 年领导一个 6 人小组的数据库市场营销部门。嘉年华公司还不能称作我们所说的数据分析竞先者，但它确实在数据分析能力上取得了巨大进展，而安托查是公司进步的主要贡献者。

安托查曾致力于在其职能部门雇用有才能的人。"每个人都有不同的技能和人际网络。"她说道，"我们根据不同的人际关系，在不同人群中分别扮演红脸和白脸；如果在我的小组中有个成员跟 IT 部门有很强的联系，那她将会是红脸，而我会是白脸，因为我通常向他们提出更多要求。"她还试着通过与 IT、市场营销部门的其他小组、首席市场官、CEO 以及像 SAS 外部软件和服务提供商建立关系来**构建数据分析生态系统**。

她的小组经常钻研数据分析，她自己也**亲力亲为、树立榜样**。安托查说道：

当我 10 年前加入嘉年华邮轮公司时，很明显，这家公司以运营为中心。我们做的很多决定都基于长期训练得来的直觉，也就是根据商业经验认为是对的；或者基于成本考虑，也就是今年相比于上一年更省钱。作为高度以数据分析为依据的新创财政部门的首批成员之一，我们面临着艰巨的任务。数据库当时是一个新概念，数据挖掘、数据分析和商业智能等概念也是如此。这需要从头开始建设，实际上是连夜建设。我知道个人或者业务部门需要对他们的产品负责。例如，作为 IT 项目的积极参与者，从一开始就要确保项目不超过规定的时间、预算和范围。我们的工作理念要求我们从一开始就参与 IT 项目。我们与 IT 小组开诚布公地讨论包括数据库表结构、数据分析方法等技术与架构的问题。在开发阶段甚至到系统检测阶段，我们一直保持着积极主动的态度。通过这个方法，最终用户接受了由 IT 部门提供的解决方案，就不足为奇了。在嘉年华邮轮公司，我是第一批以这种方式加入 IT 团队的一员，我们在很短的时间内建立了稳定可靠的数据库，增加了全公司对基于数据分析的洞察的需求。

安托查试图告诉其他业务部门数据分析能带来什么："如果你要成为一名变革推动者，就必须教导人们并帮助他们理解你要做什么。最终你会获得他们的认可。"安托查说。她刚到嘉年华时并没有现在这么有耐心和老练。这些年，她通过自我反省、在工作中实践以及求教导师等提升了**人际交往能力**。

安托查把提高嘉年华公司的数据分析能力看成一项长期工作。她也表现出**愚公移山的精神**："我们需要埋头苦干，有时我们的理论和想法会得到很多的支持。而有时，我们也会遇到阻力。我只是耐心等待。"她的小组也**多线作战**，但这些项目都是在一个战略前提下组织的："我们同时兼顾上百个不同的方案。很重要的一点是，我们和领导团队在战略视角上保持联系，以保证这些方案与战略愿景相一致。"

当被问及她是怎么度量成功的时，安托查认为，关系的改善可以作为第一个度量指标。她说："我们不再被认为是奇怪的物种。"第二个度量指标是对她们团队的服务日渐增长的需求："我们之前已经展示了我们的能力，现在的需求太多以至于我们不能都能满足。我们在数据分析这条路上已经走了很远，取得了很大的突破。"

ANALYTICS AT WORK
数据分析领导者实例

格雷格·普尔（Greg Poole）
泰波姿公司（Talbots）业务部门领导者

泰波姿公司是传统女装领导品牌，我们访谈时普尔时，他刚到该公司 6 个月，已经接管执行副总裁和供应链总监的职位。他曾在安氏集团（Ann Taylor）、盖璞（Gap）以及欧洲的一些零售公司担任供应链相关职务。

普尔说，数据分析是他基因中的一部分。他喜欢基于事实的工作。泰波姿公司以前在制定决策时，并不是特别依赖于数据分析，普尔认为，他和其他管理小组成员被引进公司的部分原因就是为了注入一种更以数据分析为导向的文化。整个小组是被新引进公司的，他们的目标是在这种艰难的经济形势下扭转公司业绩。格雷格计划**建立一个数据分析的生态系统**，特别是与新的首席财务官、销售部门财务规划小组新的领导者以及帮助收集和分析数据的外部顾问共同合作。他还把关键供应商拉入这个网络中，他告知供应商泰波姿公司的财务状况，并增强他们对订单和业务流程的可见性。他抓住每个机会去**教导**公司其他人，向他们解释公司向数据分析方向转型的必要性，并与公司多个小组和供应商展开沟通。

普尔最初的行动之一是与供应链部门的领导层**制定战略和绩效预期**。三管齐下的策略要求关注产品质量、加快产品上市速度和提升采购议价地位。他在每个领域都制定了详细的数字目标，并且泰波姿公司已经完成了其中的一些目标。每个品类的主管也都有各自的目标，尤其是提高利润方面的目标。普尔向董事会承诺会提升利润，也就是**对结果进行承诺**。他一直通过为每个战略目标制定相应的数据分析目标而**多线作战**。例如，为了帮助达到成本目标，他和采购管理者开展了与供应商的"基于事实的谈判"，在供应成本、相对支付价格、价格／数量曲线等方面改善了度量指标和数据分析。

普尔不断**推动公司成员使用更多的数据和分析**，并且**亲力亲为、树立榜样**。在他办公室的一面墙上贴的不是鼓舞人心的海报或呆伯特漫画 [1]，而是数据图表。在每次供应链主管的会议上，他都传达一些主要业绩标准，其中很多以前都没在泰波姿公司内使用过。然而他意识到，数据分析的进程会需要**愚公移山的精神**。他说，他之前供职的一家公司花费了三年的时间做出了他帮助泰波姿公司计划进行的这种转变。实际上，那家公司有更多的资源。幸运的是，他感觉还是有很多容易实现的提升机会。

普尔无疑拥有很强的**人际交往能力**，并且**了解数据分析的局限性**。当他一直在向他的公司和供应商推荐大量的新的供应链管理和数据分析方法的同时，很小心地把握尺度，不强制某些单位采用其中某种特殊的方法。通过树立一个好的榜样和建立一个绩效考核环境，他希望管理者和员工能意识到，数据分析是通往成功的惟一道路。

ANALYTICS AT WORK
数据分析领导者实例

○
汤姆·安德森
部门主管、企业家

汤姆·安德森是一个有着坦率性格的自信的主管。他曾经是多家公司的数据分析主管，并且知道数据分析技能是他作为一名管理者和领导者的关键优势。

---

[1] 呆伯特是美国漫画家斯科特·亚当斯自 1989 年开始出版的漫画和书籍系列，是以作者自身的办公室经验跟读者来信为素材的讽刺职场的现实作品。——编者注

在麻省理工学院获得管理学硕士学位后，安德森作为一名咨询顾问供职于麦肯锡咨询公司，主要为金融服务业提供服务。在那份工作中，他经常主动寻找那些需要最大量化建模的客户项目。在成为麦肯锡咨询公司的合伙人之后，他离开该公司去了第一资本金融公司，这是一家完全以数据分析为导向的信用卡和消费者金融公司，在那里，他领导以年轻消费者（25岁及以下的消费者）为目标群体的业务部门。他解释道："第一资本金融公司吸引我的地方在于他们'基于数据的战略'。这是一种不论资排辈的解决问题的方法，任何人不管他处在什么级别都能提出新的数据分析方法的建议。"

第一资本金融公司有很强的测试文化，但没有把测试本身作为终点。"如果你被允许做你想做的任何尝试，有些方法一定会奏效，但这不是可持续的方法。每个尝试都要花钱。我认为需要对效果和影响进行跟踪，以确保我们获得了好处。"安德森说。他不断**推动使用更多的数据和分析**，他告诉员工："在你进行分析之前，用图表记录你的结果、为什么这么做以及如何做的。"

尽管第一资本金融公司有很多数据分析人才，但安德森仍然不得不示范解释一些他推行的数据分析方法。"你必须成为一名老师"，他说，"有些人已经有解决问题的能力了，但你必须还要教他们数学。有些人了解数学，但不知道怎么把它运用到业务问题中。"有时候他**亲力亲为**地做数据分析工作以树立榜样，并向他人展示自己的工作。

部门在安德森的领导下发展良好，每年创造2 000万美元的利润。"在花了6个月理顺了业务之后，"他说，"我们在随后的一年创造了 7 000 万美元的利润。"但安德森想要更多的自主权，所以他请求接手第一资本金融公司收购的一项医疗金融业务。他向该公司的 CEO 里奇·费尔班克（Rich Fairbank）**承诺了结果**：让这项业务发生彻底改变。在这之前，这项医疗金融业务每年亏损数百万美元；当安德森离开时，它每年收入数千万美元，而且贷款发放每年增长150%。

安德森从不寻求一招制胜，而是通过**多线作战**寻找机遇。"数据分析的美妙之处在于"，他提出，"你能找到很多可以获得持续改善的事情。"他在数据分析能对业绩发力的地方**寻找杠杆**："如果这是一个就像医疗金融一样有乘法效应的业务，即医生的数量乘以病人的数量乘以寻求金融服务的比例，如果每个因子你可以提高 10%，就会获得很大的数字。"

安德森离开第一资本金融公司去了一家叫作优诺公司（UPromise）的信用卡初创公司。在这家公司，消费者如果能在特定领域消费，就能获得用于上大学的费用返点。他再次**寻找杠杆**。这家公司曾聚焦于获取新用户上，但安德森把工作关注点扩大到 UPromise 现有会员的消费比例与消费金额上。最终，UPromise 被卖掉了，安德森并不想留在这家新公司，部分是因为他的领导者都不是以数据分析为导向的。

在每家就职的公司，安德森都努力**雇用有才能的人**。他相信寻找人才的关键在于数据分析和**人际交往能力**的结合。他相信自己兼具上述两点，并且也寻找有这些特点的人为他工作。有些他的下属离开了第一资本金融公司的年轻消费者部门，投靠了他所在的医疗金融公司，有些人还离开了第一资本金融公司加入了他所在的UPromise。现在，他仍然与其中的一些人保持联系，为他的下次探索做准备，这次探索毫无疑问也会是以数据分析为导向的。

数据分析领导者实例

吉姆·麦坎（Jim MaCann）与克里斯·麦坎（Chris MaCann）
前者是 1-800-Flowers.com CEO，后者是总裁

吉姆·麦坎和克里斯·麦坎是兄弟，共同运营着 I-800-Flowers.com。吉姆是创始人、董事长和 CEO，克里斯则担任总裁。这家公司最初只是个纽约的花店，现在已经是有着 7 亿美元营收和 3 500 万客户数据库的世界领先的鲜花礼物公司。除了花卉业务，公司还是美食和礼品盒方面的领先者，有着如高端巧克力和糖果生产商 Fannie May Confections、The Popcorn factory、Cheryl&Co.cookies 等品牌。

吉姆和克里斯都是数据分析领导者，但他们的领导重点和领导风格迥异。吉姆说："克里斯比我更加以数据分析为导向。我比他年长 10 岁，他能从我的错误中汲取教训。虽然我已经变得更加以数据分析为导向，但从背景上来说，我终究是一名花商和社会工作者。并且，我们的公司也不是以数据分析而知名的！"然而，吉姆不仅重视直觉还重视数据分析，对于这种服务于礼品和欢庆场合的公司来说也不失为一笔宝贵的财富。

克里斯表示同意："我们建立了很好的工作风格。吉姆的决策风格更加依靠直觉。虽然我认为他的有些想法很疯狂，但他仍然坚持推进这些想法。其实我想看到更多的数据分析，它能帮我们避免很多错误，不过，我们已经意识到吉姆的直觉通常是对的。"克里斯还提到，他们运用数据分析的方法截然不同："吉姆的风格是收集一点儿数据很快就开始行动，我更倾向于获得更多数据，然后才有所动作。不过，我纠结的时间可能太长；吉姆在判断趋势方面比我强。"很明显，这两位高管知道直觉的局限性，也更**了解数据分析的局限性**。他们俩不仅都重视数字，而且都有**很好的人际交往能力**。

这两兄弟划分了战略重点。在当前的经济中，他们有三个战略主题：关注客户、降低成本和面向将来的创新。克里斯重点关注前两个，它们应该看重对数据和数据分析的理解；吉姆则更关注直觉的创新。他们共同清晰地为数据分析工作**树立了清晰的战略和业绩预期**。

克里斯认为，他的职责之一是**推动使用更多的数据和数据分析**。他说："我们有数据分析和测试的文化。我说：'我知道你在想什么，但请告诉我你能证明什么。'我们也都赞同这句箴言：'我们信奉上帝，但其余的都要用数据说话。'"吉姆赞成这些箴言，但他的想法往往来自人际交往和观察。例如，吉姆意识到公司的某个产品可能太贵了，因为他的儿子告诉他，他经常支付不起这个产品的费用。不过，在采取行动之前，公司通过收集数据来支撑这个假设。

当麦坎兄弟决定收购一家公司时，就以母公司能给新的子品牌带来数据分析能力为承诺。然而，他们并不认为自己的能力会是一直出众的。克里斯说道："当我们并购了一家公司时，会尽可能快地把它们带入我们的数据分析氛围中。不过，当我们收购了一家有着更好的推销能力和规划能力的礼品盒公司时，我们会采用它的很多举措。"

除了在自己的公司里运用数据分析，他们正在花卉产业中**建立一个数据分析的生态系统**。他们可以发送鲜花订单到本地花商的 BloomNet 网络，该网络有着大量关于花被预定情况的数据，他们会把这些数据和分析分享给花商甚至鲜花种植者。

很明显，麦坎兄弟**进行了多个数据分析领域的相关工作**。他们建立了运营、财务、客户关系以及公司其他方面的数据分析方法。在市场营销方面，他们试图把对客户的直观理解和描述客户的数据与分析结合在一起；他们运用拟人化的角色指称市场调研中得到的特定假想人群。吉姆说："Tina 代表我们最好的客户群；她喜欢送礼，并把它当作保持人际关系的一部分。给这个人群取一个名字并赋予一系列特征，比单纯基于人口统计学的平均人口描述，对我们的员工更有意义。"

他们相信，**雇用拥有数据分析技能的人才**对他们的成功来说至关重要。吉姆叙述道："我们的人才观认为，高级的人才必须具有数据分析能力，他们必须会运用数据。"然而，并不是每个人都单纯地以数据分析为导向，正如克里斯所说："我们有一些非常有创造性的经销商和设计师，他们在各自的领域中有很强的能力。我们试图在需要的地方给他们补充一些数据分析方面的支持。"

在决策时找到如这俩兄弟一般如此互补的合作是不太容易的。不过，麦坎兄弟认为，其他公司也应该用两个没有亲缘关系的高管效仿他们的风格。吉姆这样说："我们认为每家公司的高层都应该有这样两个人。"克里斯也表示同意。

当然，本章中描述的这 4 个数据分析领导者的例子不能代表所有的方式和风格。不过，这确实表明数据分析领导者应具备很多特质，并且，以数据分析为导向是数据分析领导力中至关重要的一方面，应该在当代商业中得到广泛认可。

从这些例子中也可以明显看出，数据分析领导者并不是一根筋的、执迷于数字而缺乏直觉的机器人。相反，他们都是同时具有数据分析能力和人际交往能力的全面人。一个好的数据分析领导者首先是一个普遍意义上的好的领导者，只是兼具数据分析导向而已。

尽管"数据分析领导力"并不是管理文献中为人熟知的主题，但如果你与想让公司更加以数据分析为导向的任何级别的人交流，他们都会证明数据分析领导力的重要性。不过，他们可能没有意识到的是，数据分析领导力不仅仅是 CEO 和公司高管们的职责，而是所有管理者或试图产生影响的个人的职责。

不同阶段的领导力

在本章中，我们还没有给出迈向数据分析领导力的系统性的方法论，只是展示了一些相关的特质与人格特征。接下来，我们会描述公司在数据分析能力的不同阶段对应的不同阶段的领导力变革。这些变革已在表 3-1 中列出。

表 3-1	不同阶段的领导力变革		
从一段缺乏数据分析到二段焦聚数据分析	从二段焦聚数据分析到三段构建数据分析愿景	从三段构建数据分析愿景到四段成为数据分析型企业	从四段成为数据分析型企业到五段成为数据分析竞先者
鼓励职能部门和业务部门中数据分析领导者的涌现。	在企业中，建立数据分析未来应用愿景，并确定必要的特定能力。	吸引高管构建数据分析能力，尤其是在数据、技术和数据分析人力资源领域的能力。	鼓励领导者展示他们的数据分析能力，并与内部和外部的相关方就如何用数据分析促成成功进行交流。

从一段到二段。 如果你的组织在一段时有数据分析领导者，他们的领导职位可能较低，同时对组织中这种"数据分析缺失"的状态非常不满。从一段跃升到二段的最佳途径是，业务部门能够出现或者雇用数据分析领导者。他们虽然不需要为数据分析大张旗鼓，但确实需要使数据分析项目运转并取得一些业务成果，从而获得企业的注意。这些项目只需获得实效，不事张扬也是必要手段，这些都是为下一个阶段进行铺垫。

从二段到三段。 三段企业需要构建数据分析的愿景。但如何构建？这需要通过领导者的态度和行为构建。愿景不仅是为提升特定部门，应该以有益于整个公司为目标。因此，在这个阶段站出来的领导者必须至少掌控某个主要的业务部门，不过，最理想的状态是，其本身就是整个企业高层管理团队中的一员。

他们的工作是建立一个未来数据分析会如何变革业务的愿景，或许不是现在发生，但可以在两年或 4 年内发生。制药和卫生保健公司的领导者可以关注他们的业务会怎么被个性化医药改变；投资公司的领导者可以关注投资决策支持如何改变他们的业务以及与客户的关系。这个愿景背后的想法会激发更加激进的数据分析活动，并且能为协调不同项目提供理念支撑。

从三段到四段。四段需要构建相应的能力和资源，重要的不是愿景而是执行，不是高谈阔论而是实际行动。在这一阶段，尽管企业可能还有其他的战略优先事务，但领导者主要专注于数据分析项目和基础建设；高管会一直坚持基于事实和数据分析的决策制定，并且把它作为一种文化属性根植于公司。

业务部门对数据分析的支持在这个阶段中尤其重要。首席信息官为数据分析建立技术和数据基础建设；部门管理者和人力资源总监确保招聘并挽留那些有数据分析背景的人才。在更早阶段建立了单独的数据分析应用的职能部门领导者与其他高管合作，创造出跨职能部门的、整合的数据分析应用；企业较低层级的数据分析领导者彼此交流合作，期望有一天数据分析会成为企业战略的关键特色。

从四段到五段。五段企业具备显而易见的数据分析竞争力，从四段企业中脱颖而出，其数据分析能力走到了舞台中央并展现给全世界。那些曾经默默从事数据分析活动的领导者变成了沟通技巧纯熟的传播者，向内外部世界展示自己的工作。他们不仅要出色地完成数据分析工作，还要说服客户、投资者甚至是媒体，相信他们的数据分析工作取得了巨

大的成效。由于数据分析竞先者永不止息，这个阶段的领导者需要抵制
自鸣得意和不思进取。持续不断地审视数据分析及其是否与企业相配合
是很有必要的（我们将在第 8 章中进行讨论），这需要有才能的领导者一
边庆祝他们企业在数据分析方面取得的成就，一边鞭策员工进行更深入
的探索与成长。

ANALYTICS
AT WORK

成为数据分析竞先者

◎ 领导者需要以身作则，成为数据分析的好榜样。

◎ 要奖赏基于数据分析和事实的决策，批评相反的做法。

◎ 领导者必须发现和培养能够帮助企业发展数据分析能力的个人
  和组织。

◎ 领导者不应该被聪明的分析师用他们不能直观解释的数据分析
  方法和工具迷惑。

◎ 领导者不能在决策制定上全部依赖于数据分析，好的决策经常
  是艺术和科学的结合。

04

丅数据落地，跳出你所在的行业看世界

ANALYTICS AT WORK

据我们所知，每个行业都可以从变得更加以数据分析为导向中全面获益，这体现在如何理解客户、如何运营、如何决策等诸多方面。不过，即使最以数据分析为导向的企业，因为资源，特别是人才的限制，也要把数据分析的诸多努力聚焦于他们最擅长的地方。业务机会并非同等重要，只有少数业务才能在绩效上带来突破或造成差异化的市场定位。

对于在数据分析方面刚刚起步的企业而言，解决一个具体的业务问题可能是一个很好的初始目标。或许客户正在抱怨服务和质量，或许绩效评估显示某个业务流程正在浪费资源，又或许竞争对手更上一层楼，而你需要运用数据分析来做决定并给出应对之策。例如，公主游轮公司（Princess Cruises）的最初目标是收入管理。该公司 CEO 知道，其他旅游公司正在积极地开展这项工作，但自己公司的能力还很初级，并且当船离开港口时，很容易根据没有售出的舱位确定损失的收入机会。因此，该公司在收入管理上有很大的提升空间。

　　随着数据分析经验的增长和成功运用，数据分析目标变得更广泛、更具战略性：持续优化关键业务流程、以形成客户差异化感知和体验为目标进行创新和运营。如果没有预先准备，在企业发展到三段后，就应该把数据分析的投资聚焦于他们的独有能力。这些为客户提供服务的能力和业务流程，使其能够有别于竞争对手，并促使企业取得商业上的成功，进而创造财富。公主游轮公司最初聚焦于客户关系中隐藏的数据分析机遇，例如数据库营销和目标客户促销等。

　　一个好的目标对于业务来说太重要了，蕴含着很多机遇，而且还能吸引高层管理者的投入，产生前进的动力。好的目标能促使深刻认识的产生，而不仅仅是获得信息。好的目标不仅雄心勃勃，同时也具体可行。雄心勃勃体现在它对业务的影响，具体可行体现在它具备可用的资源和成功的能力。例如，特里·莱西（Terry Leahy）爵士（如果你在数据分析领域有所建树，或许也能受封为一个英国爵士）是欧洲食品杂货零售商乐购超市的前 CEO，他认为，公司的任务是赢得并提升客户的终生忠诚度。他说，它们的核心目标是"比任何人都更好地了解客户"。拥有更多的客户信息只是乐购超市故事的一面，但莱西认为信息同样也有益于客户："掌握信息能帮助零售商获取更多客户的需求，同时也给了客户一个很强大的工具。他们可以比较价格，点击鼠标就能在线购物，可以看到零售商的道德策略和环境策略，以及世界各地对他们的评价。"乐购超市的目标是拥有世界一流的客户认知度。

　　在这章，我们讨论了两项确定目标的基本活动：发现机会和确定目标。我们提供了一些工具和方法来确保这两项活动顺利有效地执行。其中，前言表 0-1 中的数据分析问题矩阵能帮助你清点和评估数据分析在你商业领域中的覆盖范围。数据分析应用的"阶梯"能帮助你校准数据分析的目标。我们以供应链和市场营销流程为例，展示如何使这一种、或是两种方法与你的企业风格相匹配。最后，我们总结当企业沿着数据分析发展的 5 个阶段前进时，目标以及制订目标的流程如何随之变化。

发现转瞬即逝的机遇

一些企业满足于抓住任何机会，然而，它们的努力通常用错了地方，我们期望你更有目的性。

企业的战略规划是关于如何寻找业务增长、创新、差异化和市场影响的机会的活动，这看起来像是一个寻找数据分析目标的天经地义的地方。不过，如果仅仅翻阅记录战略规划的活页夹，或是 PPT，又或者 PDF 文档，你很可能找不到你要的东西。它或许能指出哪些业务领域很重要，比如，客户服务、定制化产品或是新兴市场，但不能指出该领域的哪些活动应作为数据分析的目标。除非战略规划制定流程包含了对数据分析的理解和数据分析具体目标的细节，否则你将不得不去其他地方发现数据分析的机遇。

很多企业也开始通过调查其所在行业的其他公司在做什么，来寻找新想法和新方法。商业趋势和行业趋势意味着什么样的变革需求和机会？表 4-1 列出了一些最常见的数据分析应用。定期关注你所在的行业，并详细观察你的竞争者的活动，这样可让你保持警惕并时刻告诉你必须做什么以跟上竞争对手的脚步，以及变化中的客户预期的脚步。

表 4-1 常见数据分析应用

行业	数据分析应用
金融服务业	信用评分、欺诈检测、定价、程序化交易、索赔分析、承保、客户盈利性
零售业	促销、补货、货架管理、需求预测、库存补货、定价和推销优化
制造业	供应链优化、需求预测、库存补货、维保分析、产品定制、新产品开发
交通运输业	调度、路线选择、收入管理
医疗卫生业	药物交互作用、初步诊断、疾病管理
酒店业	定价、客户忠实度、收入管理
能源业	交易、供应、需求预测、合规分析
通信业	价格套餐优化、客户维系、需求预测、容量规划、网络优化、客户盈利性
服务行业	客服中心人员调度、服务链 / 利润链
政府	欺诈检测、案例管理、犯罪预防、收入优化
互联网业	网页统计、网站设计、客户推荐
其他行业	绩效管理

虽然你可能很庆幸看到了这张表，但我们必须指出，从你自己的行业内部出发只能看到这些。事实上，这是很有限的。你所在的行业会告诉你，怎么做才能保持平均水平的表现，但如果要找到差异化的机遇，你必须更具有创造性。跟随你所在的行业意味着随波逐流，不能脱颖而出。五段企业如沃尔玛、前进保险公司、万豪酒店集团、哈拉斯娱乐公司都努力成为行业内第一个运用数据分析能力进行市场营销的公司，而不仅仅是和行业内其他公司对标。

这就是为何我们要推荐发现数据分析机遇的两个额外方法。这两个方法能从本质上帮助你理解业务及其绩效驱动因素，应该被定期加以使用：

◎ **宏观思考你的业务形态和对其造成影响的趋势性因素**：人口结构变化、经济趋势和客户需求变化。这些评估能够发现绩效提升的关键点位于何处，什么因素能驱动绩效提升。它势必要利用你的业务直觉探索业务如何运作，下个爆发点位于何处。

◎ **系统盘点你的业务流程**：这些流程中的决策制定方法，这些大到并购决策、小到信用卡发卡决策将如何从更多、更好的数据分析中获益。

全局思考，建立一个服务利润链

有很多种方法供你对企业、企业的绩效驱动因素以及它的差异化机遇进行全局思考，不过，最重要的一点是运用企业熟悉并且应用得好的方法。大部分方法将你的"核心流程"以某种方式进行分解，进而探寻各种活动在业务中起到什么作用。例如，哈拉斯娱乐集团的管理者通过客户忠诚度计划以及数据驱动的营销手段驱动公司成长，这些是公司的特色能力。他们用了"服务利润链"（service-profit chain）模型来对关键决策领域进行理解并确定目标，每项活动都采用了明确的度量指标（如图4-1）。

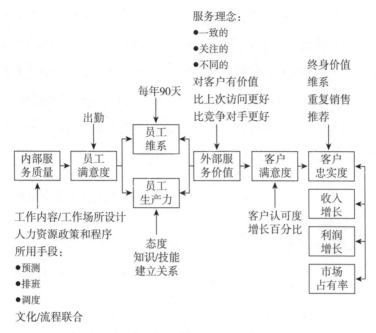

图 4-1　哈拉斯娱乐集团的数据分析模型

有价值的数据分析目标随着行业的变化而有所不同，当然也随着企业在市场创造价值的方式不同而不同。创造实体资产的企业（有时候也叫"价值链"企业）可能想把重心放在解决供需波动、资产成本、操作灵活性以及供应链与其他企业的配合等问题上。制药等企业的价值体现在其知识产权的质量、数量和营销等方面（也称作"价值商店"），应该集中于数据分析导向的实验和决策制定。互联网企业（如 Facebook）、金融机构、电信企业和其他基于"价值网络"的企业应该考察数据分析如何帮它们提升客户数量和服务网络。

这种基于价值的数据分析有两种重要的作用。第一，它会帮你关注业务的基本目标和数据分析服务于这些目标的方法。一个追求客户服务呼叫中心的利用率的电信企业虽然可能会节约成本，但这会搬起石头砸自己的脚，导致客户流失。第二，它能为你提供一个让你看到本行业以外的数据分析应用的新视角。当你跨行业寻找灵感时，最应该与和你的公司有相似价值类型的其他行业学习，例如，通信公司向金融机构学习。这些公司面临相似问题但处于不同的环境，并且它们的数据分析应用相互之间能够得到认可、相互有关联、经验可传递。

虽然我们专注于讨论数据分析，然而具有讽刺意味的是，数据分析目标的选择可能是基于直觉的。例如，以下是一些方向：

◎ 一直以来关于你所处行业的一些猜度没能得到研究与核实，行业经营背后隐含的假设可能过时或可被撤销。

◎ 一些看起来合乎逻辑且看似可行的创新没有证据能证明，其他方法无法解决的业务问题或挑战。

◎ 客户自身都还没有发现或申明，你或业界有影响力的人就强烈地相信，某种需求对客户很重要。

例如，1-800-Flowers.com 的创建者和总裁吉姆·麦坎曾有这样的直觉：电子渠道对那些想要订购鲜花和礼物的客户很重要。他的公司是出现在 CompuServe 上的首家花商，并且是 AOL 的第一个商业合作伙伴。它在 1995 年开办了一个独立的网站，是零售业的先行者。它一直在实现搜索引擎的最佳化、提高呼叫中心响应能力，及早采用任何能接触到客户的新技术。最近的，它开始使用 Twitter 和 iPhone 手机应用。

不过，从数据分析的角度来看，能做些什么？受益于 1-800-Flowers.com

这个各个营销渠道都能用的名字，公司有跨越所有品牌和渠道的整合的客户数据库和客户关系分析应用。与客户的所有交互会形成客户的"购买路径"，跨渠道进行多变量测试，和每个客户的每次互动都存在一个预测最佳的沟通渠道，例如，它很容易跟踪线上和线下促销的效率。

吉姆已经证明了有数据支撑的直觉对于找到新机会的潜力。不过，在采纳直觉时，他听取了兄长克里斯的建议，即通过搜集和分析数据来核实它，或者对这个想法做个小规模的测试，在当它看起来有效时再进行推广。

进行系统性的盘点

如果绘制全局性蓝图时有如下问题：企业的关键部分是如何相互配合的，通过系统性的盘点以近距离观察业务流程如何构建与运转，在这些流程中决策是怎么制定的，会带来巨大提升的机遇出现在哪里。一个合理的开始点在于：什么样的业务流程面临压力，并会最大限度地得益于绩效的突破？

下文举了能够获益于数据分析的业务流程的类型：

◎ **数据丰富**。数据分析释放了你所获得的数据的潜力。

◎ **数据密集**。数据分析揭示了数据的含义。

◎ **资产密集**。数据分析使得对稀缺且昂贵资源的有效利用和分配成为可能。

◎ **劳动密集**。数据分析助力决策制定，能帮助有效利用专业技能，尤其是在人才供给不足、人才需求存在周期、人才培养时间漫长的情况下更为有用。

◎ **对速度和时间窗口要求较高。** 数据分析能够加速流程和促进实时决策，尤其是在客户满意度和流程等竞争力的构建需要超过人类响应速度的地方，例如网站。

◎ **需要一致性和管控。** 数据分析使得即使在不可预知的局面下的一致性决策成为可能。

◎ **需要进行分布式决策。** 数据分析使决策者能够兼顾上下游并能预期其行为产生的影响。

◎ **跨越职能部门、跨越业务线。** 数据分析揭示了职能部门或业务线之间的关联，并使得各部分能协同工作。

◎ **平均成功率较低。** 平均成功率低的业务流程易于通过数据分析获得改善。

例如，麦克森医药公司（McKesson Pharmaceutical）将其复杂的供应链作为数据分析的目标应用领域。这家公司有全世界吞吐量最大的分发网络之一，每天向超过 2.5 万个网点分发占全美消费总量 1/3 的药品。其供应端连接着主要的制药商，其消费端连接着包括沃尔玛在内的有影响力的零售商。因此，麦克森医药公司必须高容量、高效率地运转。基于它强大的流程能力，公司把从销售、物流、采购、金融等流程中取得的数据集中到一起，来进行更加综合的分析和决策支持。现在整个供应链的管理者能够纵览上下游部门，以评估他们的决策对交付调度、运输系统利用率、数量调整、生产排期、投寄发运等诸多方面产生的运营和财务上的影响。

你也可以通过评估企业决策，无论其与业务流程的关联程度如何，并探询更好的信息和分析能否得到更好的结论，来找到数据分析的机遇。通常而言，要寻找符合如下 6 个条件的情况：

◎ 包含了很多变量和步骤的复杂决策；

◎ 需要一致性或被法律要求一致性（例如非歧视性的授信和借贷）的简单决策；

◎ 需要从总体上优化流程和活动的地方（尤其当分解和局部优化会导致全局次优的情况）；

◎ 你需要了解决策之间的关系、关联和重要性的情况，就像在麦克森医药公司的供应链中；

◎ 你需要更好地预测、预期或对下游单位提供更好的可见性的地方（再次以麦克森医药公司举例）；

◎ 目前平均成功率较低的情况。

为了系统性地搜寻目标，供应链管理者与信息管理者可以盘点供应链的报表和数据分析。这会表明你聚焦于何处，以及在哪里能做得更好。图 4-2 表示了供应链流程使用表 0-1 中数据分析问题矩阵的通用示例。在"信息"一行中，传统报表通常聚焦于订单交付和资产利用率之类的问题上。你聚焦于过去情况的报表和模型能否有所提升，进而变得更有预测性。你的预测能不能包含更多现有的和外部的数据，而不是简单的过去数字的外推。

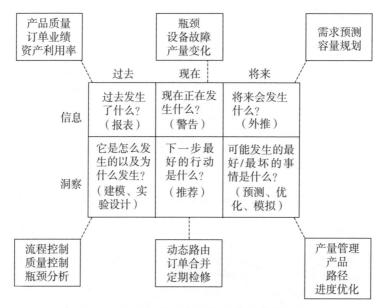

图 4-2　数据分析问题矩阵中的供应链流程

当出现瓶颈或质量正偏离可接受范围时发出警报。从历史趋势外推是建模的第一步，外推能够让你预见未来的供需情况。在"洞察"一行，建模揭示了问题的起因，所以你可以改善流程和控制质量。实时推荐使得即时响应成为可能：例如，卡车可能需要选择另一条路线，或机器可能会因紧急维护而被切断。而且，预测、模拟和优化促进了更有动态的调度安排以及更准确的产品组合和收益管理。

设定你的目标

即使你只对某一个业务领域做了全局性思考并进行了系统的盘点，也可以得到很多通过数据分析加以改善的机会。那么，应该如何设定优先级，如何瞄准最佳目标呢？你可以通过仔细权衡你的预期收益和现有能力得到结论。

◎ **收益**：这个业务流程是战略性的吗？或是高优先级的吗？数据分析应用能对公司业绩起多大作用？在流程上表现出色会带来市场优势吗？例如，设立了一个难以达成的性能标准或建立了一个独有的差异化能力。这个流程是否足够频繁，从而能够通过加速决策、减少步骤和选择最佳程序节约大量成本？如果有值得追寻的足够大的业务潜力，那么它值得投入多少精力和投资呢？你必须以多快的速度行动以实现这些收益？

◎ **能力**：尤其当应用是全新的时候，必要的组成部分是否已经就绪？如果你确实缺少关键能力，是否有渠道购买、租赁或及时建立这些能力？请记住，虽然 DELTA 的 5 个因素都是相互关联的，但目标这个因素可能是与其他因素的相关性最强的。它可能会根据数据的可用性、有经验的分析师的就绪情况、企业层次视角的范围以及企业和业务部门领导者的支持而调整。

我们把潜在目标如表 4-2 的数据分析"阶梯"以图形化的方式进行展示，以助于理解。阶梯越高，需要越复杂的数据分析，只有较少企业能够达到。在任何梯子上都一样，当你想要跳过台阶时会摔得很惨。从底层的台阶开始：

◎ 基层是良好的数据，这些数据是准确的、一致的、整合的、可用的和相关的。

◎ 对数据进行统计分析生成有用细分，对客户、产品和交易或者其他业务事件的细分。

◎ 细分进而导致差异化行动，区别对待每位客户，或者从可变的业务流程中挑选最有效的途径。

◎ 将预测性行动整合进业务流程，以便调度资源抓住最优机会。

◎ 在制度化行动阶梯中，将差异化和预测嵌入持续运转的业务流程中，并自动完成相应动作。

◎ 最顶层是实时优化领域，业务流程实时调整以获得最佳产出。是的，与其他梯子不同，你能站在这个梯子的最高一级台阶。

表 4-2　　　　　　　　　　数据分析应用之梯

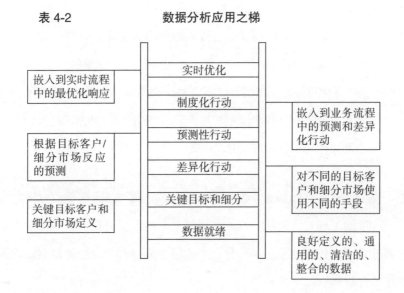

嵌入到实时流程中的最优化响应	实时优化	
	制度化行动	嵌入到业务流程中的预测和差异化行动
根据目标客户/细分市场反应的预测	预测性行动	
	差异化行动	对不同的目标客户和细分市场使用不同的手段
关键目标客户和细分市场定义	关键目标和细分	
	数据就绪	良好定义的、通用的、清洁的、整合的数据

　　表 4-2 中所示的阶梯是通用模式。在任何主要业务流程中，询问下述问题都是有启发性的：我们已经爬了多高？我们能爬多高？市场需要我们爬多高？我们是否因为错过或仅仅因忽略了台阶的一部分而使我们的业绩受损？我们是否能够通过上升一个台阶来提升业绩或获得利益？在阶梯向上攀爬时，你仍需关注下面的台阶。例如，如果你的公司收购了一家竞争对手公司或者如果一家第三方数据供应商发生变化，你需要

做出调整来保持你的数据就绪。所以，你应该始终牢记整个阶梯，已经完成了什么，还有机会完成什么。

　　每个业务流程都有自己的阶梯，一个反映行业惯例和标准流程特征的阶梯。例如，表 4-3 中描述了一个供应链阶梯，开始于底层的包括产品、来源和处理方式等信息；在第二层，产品被根据成本、供应商或者客户等角度进行有意义的细分；在第三层，产品被根据客户和市场等信息进行差异化的加工和定价；第四层是更加预测性的，处理了广义上的"补货"问题，你需要在排队队列中维持多少货物和资源，以满足预期的订单；在第五层，你通过有效的定制来创建多样化的产品和流程；最高层通过对生产流程和产量的实时优化以创造最大利润。

表 4-3　　　　　　　数据分析应用之梯：供应链

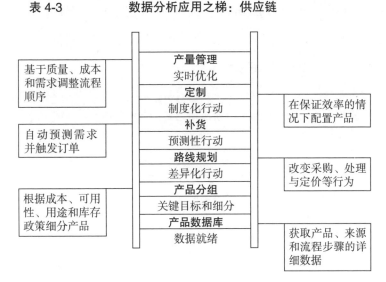

　　表 4-4 中描述了一个应用于市场营销的数据分析阶梯。在第一层，创建了整合的高质量的客户数据库，它开始于对什么是客户的一个公认

的定义。在第二层中，细分不仅是一个分门别类的过程，而应该是差异化对待客户的基础，是对高价值客户有针对性地营销的基础。例如，在赌场挥金如土的人可能会在入门登记时获得服务升级或免费晚餐，或者数码相机的购买者会在购买 4 个星期之后收到打印机的优惠券。在第三层，一个业务流程会基于客户的行为触发及时行动。例如，在一笔网上交易之后，银行会发送简单的致谢或确认邮件，或在大笔的存款存进活期账户之后打一个电话。第四层代表了市场活动管理和个性化服务。例如，追踪哪个客户得到了什么样的优惠，客户做出了何种反应。在第五层，预测性分析帮助预期客户未来的行动以及预测何种促销会导致热卖。某保险公司运用预测性分析削减了 50% 的直邮传单，同时收入翻番。最后，在阶梯的顶层是公司根据客户接受的可能性给出相应优惠的能力。例如，如果一个在线旅游预订网站看到一位客户查询了航班，但最后没有产生订单就退出了，这个网站可以马上给这个客户发送邮件，提供打折的价格或者打折的旅馆和汽车租赁服务。

表 4-4　　　　　　　数据分析应用之梯：市场营销

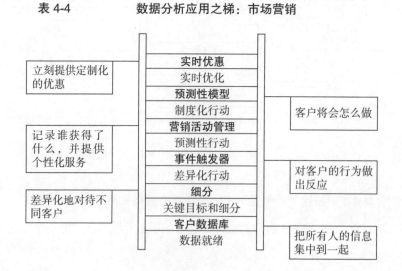

我们建议为如员工管理、财务、整体绩效管理等每个主要业务流程开发相应的阶梯。它们不仅会帮助你认清自己在数据分析之路上已经走了多远，还会激励你前进。

特别提请注意的是，我们讨论的制订目标的方法不会形成一个包含了资源规划、时间表和度量指标的有范围限定的特定项目。在达到这种程度之前，你还有很多工作要做。好处是，制订目标的过程能让你们启动一些试验性和示范性项目，以便在此过程中进一步精炼目标。就算在一个重要的数据分析项目开始之后，你也要定期温习制订目标的相关问题，并做相应的调整。随着你的公司变得越来越以数据分析为导向，确定目标将成为一项持续性的活动。你需要在已经运用了数据分析的领域找额外的机会，同时还要保持开放以发现那些仍未被意识到的机会。

我们是否拥有好的目标

◎ 它是否聚焦于某种独特的能力，或一个能在企业业绩、竞争力和盈利能力上起很大作用的领域？

◎ 高级管理层和相关的业务领域的管理者是否支持这个方案？

◎ 它是否包含了创新和差异化的因素？例如，通过将在业务上相邻领域的信息和能力结合起来达到上述目标。

◎ 它是否有规定的目标和标准，包括度量进展和成功的方法？

◎ 在资源和能力上，包括其他的 DELTA 因素，它是否可行？

五段企业的进化路线图

在数据分析领域领先的五段企业是如何确定目标的？这些企业把最能带来业绩提升和差异化优势的领域作为数据分析的目标。目标是明确的，并且数据分析项目很享受明确的业务逻辑和特定的战略目标所带来的挑战。在任何时刻，企业很可能致力于一个能带来差异化竞争力的主要目标，同时也可能致力于一些较为次要的目标。一旦达成了一个主要目标，它就转向下一个目标，同时维持第一个目标带来的优势。并且被应用得很成功的数据分析技术会很快转向服务于企业的其他目标。例如，谷歌是以网页排序和搜索作为数据分析的开始的，它后来转向利用数据分析来决定什么情况下展示哪个广告。企业不停地围绕着这些目标研究和创新。

五段企业确定目标的方法十分复杂。这些企业通常都有自己的耳目，既有人的也有电子的，以对时代的变化、新的差异化方法和未来的目标保持警觉。它把所有这些观察都放入潜在的目标里，这里既包括基于行业趋势和市场需求对商业结构和商业目标进行的全局思考，也包括对业务流程和决策过程的系统性盘点。可能最重要的是，五段企业能够站在企业的视角（DELTA 中的 E）对数据分析的机遇进行评估与决策，进而找到那些能对企业业绩有最大影响的目标。表 4-5 中总结了在确定目标上需要怎么做才能一步一步前进。

一段到二段。在一段，你是从零开始的，可能毫无目标可言。向二段进阶时，你需要产生效益并展现一些初期的成果。将有业务问题的业务管理者，以及有能够用来解决问题的数据作为起点。如果你刚开始就拥有质量不错的数据，在进行分析之前所需的清理工作很少，那么你就可以减少第一批成果不必要的拖延。应尽早展示成果，所以最初的目标应该是容易实现的，应该选择那些业务问题和目标定义明确、价值明确、易于上手的项目。一旦你已经建立了一定的信用，你的目标和难度可以略为提高。

表 4-5	提升到下一阶段：目标		
从一段缺乏数据分析到二段焦聚数据分析	从二段焦聚数据分析到三段构建数据分析愿景	从三段构建数据分析愿景到四段成为数据分析型企业	从四段成为数据分析型企业到五段成为数据分析竞先者
在得到支持和有合适数据的地方工作；制订容易实现的目标。	工作于那些已经在一定程度上以数据分析为导向或能从数据分析中获益巨大的业务领域；把业务流程或者跨部门应用作为目标；开始系统地清点数据分析用于业务领域的机会清单。	服务于关键业务流程及其掌控者；聚焦于高价值、高影响的目标；使用企业级的视角寻找和评估目标；为寻找目标制定正式流程，以促进业务管理者、IT 管理者和数据分析管理者的合作。	与管理团队合作，聚焦于能够提升差异化竞争优势的构建战略方案、创造价值、创建独特能力等方面。将其渗透到战略规划流程中，以使得数据分析能够影响战略。

二段到三段。最初的几个项目可能是随机选择的，但一旦取得了初步的成功，你应寻求那些希望对业务流程或商业决策中的数据分析机会做系统性盘点的支持者。一旦你达到了二段，可能会有大量的可能目标，

但商业重要性很高的目标可能较少，因为这些目标是局部目标。要上升到三段，你需要聚焦于重要目标，并提升你在这些领域的目标水平。在这一过程，目标开始跨部门，并在数据分析项目中引入了更多的业务人员，因此，目标制订过程更加需要相互协作。现在需要引入有关数据分析和业务影响的全局思考，并鼓励在制订目标时采用企业级的视角。

三段到四段。在三段，虽然数据分析的目标很重要，但是最重要的吗？要提升到四段，你需要更加正规化的方法寻找具有高影响力的业务机会，从企业的角度评估机会，并配以足够的资金和资源。如果企业的数据分析机会分散于各个业务单元，那么建立一个小型的"项目管理办公室"，以协调数据分析的项目和资源。在这一阶段，不仅要整个企业的高管参与这些项目，还要获得他们的支持以便于数据分析方法在全企业的部署。

四段到五段。恭喜你！你已经达到了四段。数据分析现在已经是你企业运作中的常规部分了。最后一步是将数据分析战略性地应用于能为客户创造最大价值并让你从同行中脱颖而出的领域中。或者说，使得你的数据分析能力和专业知识成为你走向市场的必需。这时，你已经与CEO、管理团队以及全企业的数据分析领导者并肩作战了。数据分析的思想以及寻找数据分析机遇的工作已经被嵌入了企业战略的规划流程，为数据分析应用寻找目标与为其他方案寻找目标并无二致。事实上，数据分析是任何业务方案的一部分。

A N A L Y T I C S
AT WORK

成为数据分析竞先者

◎ 跳出你所在的行业看世界，与其随波逐流，还不如脱颖而出。

◎ 不只是基于商业潜力确定目标，还要考虑关键资源，最起码
  是数据资源。

◎ 前瞻思考。预期你的数据分析能力如何随着目标业务领域的
  提升而提高。

◎ 愿意去尝试以发现可能性。

◎ 不要关注太多目标，那样会摊薄你的精力。尤其当企业还处
  于学习阶段，聚焦于一个主要目标以及一些可能的次要目标。

◎ 不要小看你对数据分析机会的直觉，但一定要检验直觉！

05

A 数据分析师，未来最稀缺的人才

ANALYTICS AT WORK

虽然计算机和数据的发展促进了基于数据分析的决策，但它们的重要性还是无法和人的重要性相比。我们从未遇到过一家分析型的企业没有大量的分析类专业人才。寻找、培养、管理和部署分析师是一家企业成功的关键。

4 类分析师，好决策的灵魂

在一家大型企业中，可能有成百上千的员工有着分析师的头衔，这通常指那些日常使用数据或信息的员工。就本书的目的出发，我们将分析师定义为那些通过统计、严密的定量或定性分析以及信息建模技术来支撑企业决策的人，这个定义的涵盖面依然是非常宽泛的。为了更好地理解管理分析型人才，我们将他们分为 4 种不同的类型。

一流分析师

这类人并不是你在佳得乐（Gatorade）广告中会见到的那种体育明

星，而是高层的决策者，他们的决策高度依赖于数据分析，他们领导着企业内主要的分析活动。一流分析师是通过分析及其他技术来指导决策的主要支持者，比如第 3 章中提到的先后就职于第一资本金融公司和优诺公司的汤姆·安德森。一流分析师在业务上嗅觉敏锐，而且推崇分析技术。因为能够清晰表达数据分析可以为企业带来的益处，他们可以就此方面和其他人进行沟通。一流分析师通常是分析专家出身，而后被提拔到高层管理岗位上，因此可以制定长期的战略并明确具体的举措。一流分析师的专长在于，精通业务而且知道如何利用分析技术（比如趋势分析、预测和建模）和 IT 技术（诸如 SAP 或者甲骨文之类的企业应用系统）来实现业务目标。在 IT 系统或流程相关的问题上，他们通常可以提供指导意见。

ANALYTICS AT WORK
一流分析师实例

史蒂文·伍瓦伊（Steven Udvarhelyi）
医学博士、高级副总裁和首席医疗官

伍瓦伊在独立蓝十字协会管理医疗政策、供应商、药房服务和信息研究。在信息方面，伍瓦伊负责整个组织的信息管理和报表工作。

伍瓦伊的职业背景和分析天然相关："我一直和数学和科学打交道，我喜欢研究分析类问题。"他对自己的角色定位是整个企业中数据分析的高层推动力。对于数据分析的价值，伍瓦伊坚信不疑，但同时也认识到"单凭分析技能和最好的数据并不能直接给企业带来竞争优势，除非改变企业对其的使用方式"。

伍瓦伊认为，相对于技术而言，对数据的重视程度更应成为判别一个一流分析师的因素。而最重要的是，一个合格的一流分析师可以向业务人员清晰地阐述企业级分析工作的好处，由此推动文化和组织的转变。

分析专家

第二类是分析专家，即具有最强的量化分析能力的人群。分析专家开发统计模型和算法，构建高级的数据分析软件供企业内其他人使用。他们常用的技术包括趋势分析、聚类算法、预测模型、统计模型、优化和模拟以及各类数据挖掘、web 挖掘和文本挖掘技术。

分析专家是所有 4 类人中最具创造力的，和一流分析师一样为企业内其他人提供数据分析方面的指导。他们通常会参与到下列工作中：制订长期目标、确定最佳战略、评估完成工作所需的资源。毫无疑问，通过阅读《统计学傻瓜书》（*Statistics for Dummies*）是无法变成分析专家的。通常来说，这类人的工作需要量化分析领域（比如经济学、统计学、运筹学或者数学）的较高学位（一般是博士），或者其他领域（比如生物统计学、信息学、遗传学或者应用物理）的专业学位。举例来说，医疗健康保险公司（Health Care Service Corporation）的特别调查部门（开发用于防欺诈和其他特定分析工作的方案）就是由凯里·奇克（Kyle Cheek）领导，其拥有政治经济学的博士学位，团队成员包括统计、流行病学、生物工程和商业方面的专业人才。

分析专家通常在技术方面具有较高技能，比如掌握 C++、SQL 和

SAS 编程等。最好的分析专家不仅在技术和量化分析方面有专长，还能够清晰地用非技术语言描述分析类问题。但是，同时具备这种技能组合的人才是非常稀缺的，后面我们会提到，很多专业的分析师需要在其他人的帮助下才能和业务人员进行沟通。对于分析专家，业务人员的态度可能是同时掺杂着敬畏和嘲笑，视之为无所不能但又怪诞乖张的天才。在企业的分析人员中，专家通常只占 5% ~ 10% 的比例。

ANALYTICS AT WORK
分析专家实例

戴里·万辛克（Daryl Wansink）
蓝十字和蓝盾协会（Blue Cross and Blue Shield）研究与评估总监

万辛克拥有布法罗大学的社会经济学博士学位，其最初的人生规划是走研究道路："但是，一旦为管理型医疗提供商工作之后，我就能接触到梦寐以求的数据，数据是统计学家的翅膀，我无法抗拒这种诱惑。"在蓝十字和蓝盾协会，万辛克领导着一个分析专家团队，通过统计和实验方法来提升医疗健康服务和决策水准。万辛克面临的最大挑战是"从现实世界中获取能够得到确定性答案的高质量数据"。虽然手下有分析专家为其工作，拥有 12 年专业经验的万辛克依然自己建模（用 SAS、SPSS、S-Plus 和 Spotfire）。对此，万辛克的看法是："只有接触数据，才能对工作有真正的理解。没有亲手建模的过程，很难保证对工作的正确理解。"

当分析专家沉浸于数据世界中时，万辛克也指出："数据是一把双刃剑。成功的分析专家必须保持务实的态度。否则，只能成年累月地迷失在数据之中，不能为企业带来任何价值。"

准分析专家

第三类是准分析专家，他们使用专家开发的模型和算法为其他业务部门服务。大多数的金融分析师和营销分析师属于这一类人。他们可能是在日常工作中凭借自己的能力也掌握复杂的分析技巧，甚至有时还会自己开发应用。但是，这类人的主要职责是用数据分析来解决日常的业务问题或进行专门化的决策。他们在数据的产生、收集、解释和使用方面是专家，而且能够从信息结构及信息流的角度对日常业务有所了解。准分析专家能够在数据上执行复杂的查询，运行模型，将分析、业务洞察和业务结果关联起来，最后基于分析结果准备业务报告。这类人的专长在于熟悉分析类应用、可视化工具和"what-if"工具，比如营销系统平台、财务规划模型、定价模型、销售预测模型、统计软件（SAS 或 SPSS）和企业系统（比如 SAP）。

对准分析专家而言，将分析的益处转化为业务语言的能力是非常重要的，比如充当分析专家和业务经理之间的桥梁。部分准分析专家属于业务分析师，通常是具有量化分析背景的 MBA，主要关注流程的分析，拥有如六西格玛等流程优化方面的认证。另一类准分析专家是信息和决策分析师，通常有计算机科学方面的较高学位。准分析专家在整个分析师团队中大概占 15%~20% 的比例。

准分析专家实例

戴维·斯卡霍恩（David Scamehorn）
百思买公司客户行为分析总监

长期以来，斯卡霍恩一直对将数学应用到商业上感兴趣。他拥有数学本科和明尼苏达大学的统计学硕士学位。在 Xcel Energy（位于明尼苏达的一家能源公司）工作了 6 年之后，斯卡霍恩进入新的行业迎接新的挑战。在加入百思买公司之初，斯卡霍恩的工作职责是建立模型，在必要的时候充当分析专家的角色。现在，他的任务是领导一个 40 人的客户分析团队，但其中只有 14 位成员的工作是全职性质的。该团队的工作包括数据库策略、工具选型与部署、针对零售业务的分析咨询、新分析方法的研发、客户细分以及客户绩效记分卡的开发。

斯卡霍恩团队中尽管有一些分析专家，但更多的是依赖于数据可视化工具的准分析专家。这些准分析专家与业务人员合作，一起使用针对客户的分析洞察来提升公司业绩。斯卡霍恩的努力获得了明显的回报。百思买公司在 2008 年圣诞季第一次基于客户分析来进行定价决策和品类决策，从之前的黑色星期五（感恩节后的第一个周末）开始，销售业绩就有明显提升。由于当时的金融风暴，2008 年的圣诞季对零售业来说是一段黯淡的时期，如此大环境下更加凸显了斯卡霍恩团队的工作成果。

斯卡霍恩现在也许不再亲自建模了，但他仍然把自己看成一名分析师："我想切实地摆弄数据，只是在工作中没机会了。但是，我在业余时间仍自己摆弄数据，包括对战略优化的关注也是如此。"

分析爱好者

第四类人是分析爱好者，他们的主要工作与数据分析无关，但需要对数据分析有一定的了解，以便顺利完成本职工作。把这类人叫作"分析爱好者"并没有任何一点轻蔑的意味。相反，这类人对分析的结果有着深刻的认知，可以很好地在工作中加以运用。一位分析爱好者可以是一位通过洞察数据来提升销售的业务经理，一位基于购物推荐来服务客户的呼叫中心员工，或是一位基于数据来优化库存的仓库管理人员。他们通常用 Excel 表格或其他基本的信息管理工具来进行数据的输入和操作，然后将分析模型的输出运用到工作中。分析爱好者们还将数据汇总并报告给其他员工。这类人包括很多具有较大影响力的管理人员和普通员工，他们将分析专家建模分析得出的信息与自身的数据、知识和经验相结合，从而做出基于数据分析的决策。业余爱好者在企业的分析人才中占比高达 70% ~ 80%。从论述的全面性考虑，我们分两个子类来描述这个人群。

ANALYTICS AT WORK
分析爱好者实例

威尔·史密斯（Will Smith）
演员

好莱坞明星威尔·史密斯的故事证明，一个分析爱好者未必需要有多深的数据造诣。作为分析爱好者中一个特殊的例子，史密斯在本行业有着傲人的表现。2008 年，他是由影院老板和电影买手们票选出的最具票房号召力明星。原因很简单：除了哈利波特系列之外，相比于其他任何一位男明星，史密斯主演的电影拥有更高的首映周末票房和平均票房收入。他是如何做到这一点的呢？答案就是通过数据分析。《今日美国》(*USA Today*) 对此是这样描述的：

在凭借银幕魅力成为好莱坞提款机的同时，史密斯在本质上来说是一位具有社交技能的统计专家。几乎每个星期一，他都会专注地阅读票房报告，就如同体育迷研究球员的得分效率一样。"我认为宇宙就是一台巨型计算机，"他表示，"我们每个人都有一个键盘。我只需知道要敲什么东西，学习编码，然后让事情如我所愿那样进行。"

史密斯经常称自己为"宇宙模式的学生"。当决定拍摄电影时，他和业务经理一起研究了各个时期的前十大票房影片："这些影片有什么模式呢？我们很快发现，10 部影片都有特效，10 部里面有 9 部是特效加外星人，10 部里面有 8 部是特效加外星人再加一个爱情故事。"要得到如此直接的分析并不复杂，但这些结果让其后面两部影片的选择变得非常容易，《独立日》和《黑衣人》都在全球范围内获得了巨大的成功。

当然，史密斯并不是仅仅靠数学来选择剧本。但是，无论影片在艺术上对他多有吸引力，他坚持用数据分析来保证其影片的成功。对于成功的关键，史密斯是这样描述的："真正的电影明星并不能单单在美国获得成功。真正的明星是能在巴西创造 2 000 万美元票房，或者在日本获得 4 800 万美元的票房。"在数据分析的指导下，他不停地在全球出访以提升影片的影响力。其最近的电影《七磅》（*Seven Pounds*）尽管对美国市场吸引力有限，却在全球获得了 1.68 亿美元的票房收入。这归功于史密斯放眼全球进行营销的努力。

分析爱好者实例

布赖恩·多利（Byrne Doyle）
百思买公司密歇根区域经理

作为百思买公司在密歇根的区域经理，多利将这个业绩最差的片区之一变为全公司销售领先的片区。对于这种转变，其同事将之归功于多利的领导力、对客户的深刻理解、基于数据分析的洞察以及激励员工通过数据分析来提升业绩的意愿。

多利之前曾在百思买公司的运营、客服、区域财务总监等多个职位任职。这种多样性的工作经历使之可以从各个不同角度来看待数据，正如他自己所言："这是我在运用数据分析方面的巨大优势。"多利自学能力非常强，将每个新岗位都看作是锻炼自己业务敏感性的机会。为了加强商业技能，他学习了一些 MBA 课程，但多利仍然把自己描述为"计算机小子、工匠本性"。无论是技术、业务还是统计分析，他都在"干中学"。

作为分析爱好者，争强好胜的本性和对事物追根溯源的天性让多利不断提升自己在数据分析方面的技能。他说："我在职场上的核

心优势是能够起到其他人无法胜任的沟通桥梁作用。我不会消极等
待，一向习惯于直奔问题的根本原因，寻找其他人忽略掉的模式，
然后就此开展工作。"

在短期目标（比如损益或者财务指标）和关于客户与员工的较
为长期目标之间，多利做了出色的平衡。站在自身的角度，他认为
数据分析的关键是："从数据中提炼出核心信息，为自己的团队所用。
有些人倾向于分享大量的信息，而在我的团队中，务求做到简明扼要，
比如'扩张市场就能跑赢大势'等。"

对于下属，多利常启发他们用数据分析来指导业务。他希望辖
区内的店面经理和销售助理主动思考如何行动才能有效地促成生意，
而非被动地应付每个月的考评指标。在这个明确目标的推动下，多
利的店面连续两年赢得了杰出员工奖和杰出客户体验奖。

要精通数据，更要精通"人"

量化分析技能是对所有分析师的核心要求。但是，调整回归方程或
者摆弄数据表格都只是开始而已，合格的分析师不但要精通数据，还要
有与人沟通的软技能。

◎ **量化技能和技术技能是基础**。显而易见，分析专家在量化技能方
面强于准分析专家、一流分析师和分析爱好者。但是，所有的分
析人员都要在自身行业或业务相关的专业分析技能上有深厚基础：
比如金融领域的随机波动分析（stochastic volatility analysis）、

制药行业的生物计量学（biometrics）和医疗健康领域的信息学（informatics）。分析人员还要知道如何使用与特定分析工作相关的软件工具，以便完成构建算法模型、定义决策规则、进行"what-if"分析或是解释业务仪表盘（dashboard）。

◎ **业务知识和业务设计技能**。这些技能可以让分析师脱离单纯后台统计人员的支撑角色。他们必须熟悉数据分析工作所支撑的业务准则和业务流程。在面对业务流程和问题时，需要有足够的业务常识来支撑。对于企业所面对的机会和挑战，分析人员要有深刻的见解，否则无法用数据分析来提升企业价值。

◎ **人际沟通和咨询技能**。这些技能可以让分析师与业务伙伴高效合作，完成分析类应用的构思、定义、原型设计和实施等工作。人际沟通方面的技能包括建议、协商和期望管理等，这些对于数据分析项目的成功至关重要。而且，分析师还需要与其他人交流分析结果：或是在企业内部分享最佳实践并强调数据分析项目的价值；或是在企业外部与客户和供应商交流以促进相互联系，或是在监管合规审查会议上解释数据分析所起到的作用（比如电力公司的案例）。鉴于沟通和交流的重要性，我们在此将巴菲特的警告"小心那些挥舞着方程式的极客"改为"小心那些无法解释方程式的优点与限制的极客"（尽管我们不得不承认，这样的分析师不在少数）。

◎ **全员的技能培训和提升**。在以分析为主导的组织中，这是非常重要的。尤其当企业有大量或快速发展的分析师团队，或者分析师分布在多个业务单元或区域时，更是如此。如果数据分析人才没有集中在一起，培训可以保证最佳实践在全公司范围内的共享。高质量的

培训不但可以提升量化分析技能，还可以帮助人们理解数据分析是
如何提升企业价值的。

实际上，我们发现很少有同时具备上述的所有技能的全才。很明显，
分析能力还不能在职场上带来达尔文式的进化优势。因此，企业需要建
设由各类型人才组成的分析师团队。比如，你要平衡分析专家和准分析
专家之间的比例，前者具有高级的分析技能，而后者拥有包括分析技能、
业务设计能力和管理技巧在内的更为宽广的知识面，从而在分析专家和
分析使用者之间架起沟通的桥梁。图 5-1 列出了各类分析人才在技能方
面的优劣势：

	分析技能	业务知识和愿景	沟通技能	职员培训
一流分析师	◐	●	●	●
分析专家	●	◐	◐	◔
准分析专家	◔	◔	◔	◐
分析爱好者	◔	◔	◔	◔

○ 普通　◔ 初级　◐ 中级　◕ 高级　● 专家级

图 5-1　各类人才在技能方面的优劣势

全情投入的驱动力

2008 年，埃森哲高绩效研究院进行了一项名为"人才的敬业、态度
及动机"的调查研究，旨在研究影响员工尤其是数据分析人才工作积极

性的因素。通过网络问卷调研的方式，针对工作敬业度、态度和职业动机等方面对多个岗位和企业中的全职员工进行了调查。其中 1 367 位受访者（包括 799 位分析师）就职于年营收 5 000 万美元以上的企业。受调查者涵盖了多个行业和工作岗位，包括财务、IT、运营和生产、研发、市场营销等。

好消息是，与其他类型员工相比，分析师总体上对于工作的投入程度、满意度和企业认同感都更高。表 5-1 是在工作投入度、满意度和企业认同感等方面数据分析类与非数据分析类员工反馈结果的对比。

分析工作虽然对于我们当中的外行来说是非常沉闷的，但其实具有很多让人投入其中的驱动力。分析工作要求各种类型的技能（量化分析技能、IT 技能和人际沟通技能），提供了完成全局性工作的机会，能对其他人形成重要的影响，在工作中可以有一定的自主权，自动获得工作结果的反馈。根据实际的调查结果，分析师在各个方面的感觉明显优于其他类型员工。如果卡尔·马克思（Karl Marx）能够预见到数据分析的兴起，也许他的理论对于工人的描述就不会那么悲观了。

表 5-1　　　　　　　分析师和其他员工的差异

	分析师	其他员工
早上起床后有强烈工作意愿	68%	52%
愿意给自己压力来完成工作目标	82%	66%
愿意全身心投入工作	77%	64%
对于工作中的创新感到兴奋	67%	50%
喜欢在公司工作	78%	65%
对公司的前途非常关心	74%	59%
为了公司的成功，愿意付出更大的努力	70%	51%

如何激励与留住数据分析师

构建企业自己的数据分析能力并非易事，不是仅仅让人力资源部门去雇用更多的量化分析领域的专家就可以了。为了找到并留住分析师，你需要理解他们的思维和行事方式，找到高效管理他们的方法。最重要的一点是，兴趣和富有挑战性的工作对分析师是最具吸引力的因素，可以让他们的技能有用武之地。挑战和工作的复杂度对分析专家和准分析专家来说是必不可少的，尤其是对那些进行复杂数据分析和开发新模型、新技术的分析师来说更是如此。和大多数分析师一样，连锁药店 Walgreens 的医疗健康分析和研究副总裁莎伦·弗雷齐（Sharon Frazee）十分看重工作的趣味性："钱当然是好的，但面对有趣的工作我会更加兴奋。这样就不用整天做重复性的工作，可以得到提升自己技能的机会。"在分析师团队组织建设工作上，管理者必须记住这一点。也许，对于分析专家们来说，最令其沮丧的是在简单的分析和报表上花费太多的时间，从而无法将主要精力用于分析模型的构建和优化上。我们了解到，有些企业拥有相当规模的分析师团队，但他们却感到被当作电子表格的开发人员来看待。

工作内容的多样性和个人成长的感觉，这些能够唤起分析师的兴趣。一家食品零售企业发现，虽然可以吸引高端的 MBA 来从事重复性的分析和汇报工作，但这些人很快就会感到厌烦并开始去外面寻找新的挑战。工作的多样性来自时常变化的任务和项目带来的新鲜感，让分析师有机会接触不同的业务领域，并着手解决相关的战略性问题，而且还要留出大块时间来让他们学习和实验。对于小规模的没有经验的分析师团队，培养新技能是非常关键的，比如在业务领域、量化模型、分析技术和软件系统等方面为其提供技能提升的机会。

从事具有重要意义的工作是分析师一直想做的事情。他们希望所构建的模型和应用能够为企业带来重大影响。正如弗雷齐所说："我希望所做的工作可以应用到实际业务中并最终能促成企业的革新，这对我的意义胜过其他事情。"另一个让分析师灰心的事情是，只有极少部分结果被运用到实际业务中。如果企业本身并不需要重要的分析工作，那些最好的分析师就会考虑寻找新的机会。

分析师希望在企业中获得尊重和支持，希望有一定的自主权，比如有相应的自由度和弹性来选择完成工作的方式。管理层应该提出目标并配备相应的资源，然后就放手让分析师自行工作。自主权并非意味着置之不理，经理们（即数据分析的使用者）应该认识到分析师工作的价值并让高层了解到分析师所做的贡献。

除了工作内容之外，分析师的工作伙伴选择也是很重要的。他们喜欢和聪明人一起工作。要想办法让分析师聚在一起，无论是将他们实际放在一个团队中，还是虚拟地成立兴趣小组，都能激励他们的积极性。这样做还有利于分享最佳实践，传播知识，并且使企业可以根据分析师的特点提供更好的职业路径设计和培训机会。

如果能与聪明的同行和业务人员一起工作，吸引数据分析人才就不是一件难事了。独立蓝十字协会的伍瓦伊就为分析师们提供了这样的环境，并吸引数据分析人才："这是某种意义上的卓越中心，为人们之间相互合作提供了丰厚的土壤、职业发展机会、成长机会以及专业人员的相互交流，这些因素聚合在一起，达到了临界质量。"

有意义的工作内容、智力挑战与职业发展机会，这些虽然很重要，但并不能解决全部问题。我们的调查发现另有其他一些因素也对分析师的去留构成重要影响。尤为突出的一点是，分析师都在寻求一种充满信任感的环境，希望被公正对待，希望所有人都心态开放、态度诚恳。与其他的关系相比，分析师非常看重与直接上级的关系（对于准分析专家而言尤其如此）。上述任何一个因素的缺失通常都会导致分析师的离职。

高效能的分析师组织架构

我们最常听到的问题之一是："怎样才能做好分析师团队的组织工作？"在数据分析工作刚起步时，只要把分析师们放到某个具体职能部门里即可。但是，一旦把数据分析提高到战略高度并站在全局角度进行思考时，对分析师（尤其是高级的分析专家和准分析专家）的组织和管理就成了企业管理方面的一个挑战。由于顶级的分析师是稀缺资源，理所当然应该让他们为整个企业发挥最大作用。不应该将其局限在某个部门内完成一些低价值的项目，而不去完成其他部门的高价值工作。让顶级分析师们分散到各个部门去解决一些局部的问题，同样也是一种资源的浪费，这样无法把他们聚集在一起达到"临界质量"，进而解决重大的战略问题。组织架构之所以重要，是因为这将决定你是否可以：

◎ 将人力分配到最重要和最能产生附加价值的地方。

◎ 发展分析师的技能和经验，以最大限度激发其潜力。

◎ 对于分析专家和准分析专家来说，组织架构最终归结到两个问题。

   分析爱好者从定义上来说本来就是分散在各个部门中的，无须讨论。

◎ 组织分析师的最佳方式是什么，如何才能兼顾地理上与管理上的便利性，同时使他们能够共同工作、相互促进？

◎ 如何能够从整个企业高度协调团队，使之能够将精力放在最重要的项目上，进而帮助提升公司业绩，开拓发展空间？

可见，对于如何组织分析专家和准分析专家所面临的挑战是，一方面是确保他们"接触业务"，从事对企业意义重大的数据分析工作；另一方面是确保他们"紧密接触"，相互协作、互相学习、相互支持。

在对企业的调查研究中，我们发现对于如何组织分析师虽然没有惟一的正确答案，却有着很多错误的答案。因此，我们在此尽量帮助你避免共性错误的发生，同时指出不同组织方式应该达成的目标。

有着大量准分析专家的企业通常将他们放在当前所就职的部门中，比如财务分析师在财务部门工作，市场分析师在营销部门工作。相反，如果准分析专家人数不多且不局限于特定业务部门的工作，就应该让他们与分析专家在一个团队里。有些公司把他们集中到一个组织实体中，为其合作与互相学习提供便利。另一些企业则从地理位置和管理便利性考虑，将分析师放到各个业务单元中。图 5-2 列出了在大型企业中，针对分析专家和准分析专家的 5 种基本组织架构选项。下面，我们将按从集中到分散的顺序逐一讨论。

集中式（Centralized）。在集中式模型中，所有的分析师团队都向惟一的部门汇报，即便他们被分配到各个不同的业务单元中。这种模式有利于把分析师集中到具有战略意义的工作上去。但是，这也会导致分析师和具体业务之间的距离较大，尤其是当所有的分析师都集中在同一地点办公时。食品公司 Mars 就采用了这种组织模式，其集中式的分析团队有长期的预算支撑，可以根据需要跟任何业务协同工作。在线旅游公司 Expedia 最近也成立了一个集中化的分析师团队。

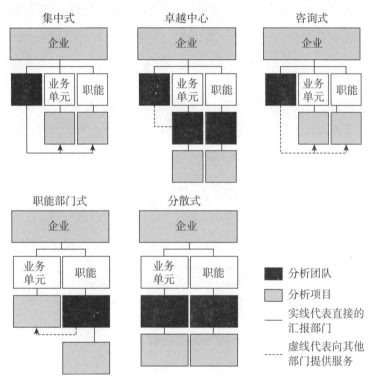

图 5-2　分析师组织架构的可选项

咨询式（Consulting）。在咨询模式中，所有的分析师也是同属于一个团队。但是，分析师不是被公司指派到特定的数据分析项目中，而是不同的业务单元"雇用"分析师为其分析项目提供咨询服务。这种组织模型有如下优点：比集中式模型更加贴近市场，而且将所有分析师的工作汇总之后更容易从全局的角度弄清楚工作的进展。更为重要的是，分析师们可以方便地指导数据分析的使用者，使其更加合理地利用分析资源。这种模型的负面之处在于缺乏企业整体的考量，没有对分析工作的强有力的统一领导。所有的分析师都是根据业务部门指定的项目来工作，无法实现整体价值的最大化。与集中式模型一样，分析师分散在各个业务单元中，但集中汇报给惟一的组织。美联航（United Airlines）、eBay和施耐德国际物流公司（Schneider National）都是采用这种组织方式。

职能部门式（Functional）。 在职能部门式模型中，惟一的分析师团队驻守在对分析需求最旺盛的业务单元中，但同时也为其他部门提供咨询服务。这种模式可以在数据分析应用已经完成，企业的分析重点发生变化之后，分析师团队能够迁移到其他的业务部门。比如，分析师团队可能一开始是向运维或物流部门汇报，而后又转到市场部门。比如，富达公司（Fidelity）就采用了这种模式，其绝大多数的分析师在客户研究团队工作，该团队直接向市场部门汇报。如果有需要，这些分析师也为其他部门提供咨询服务。

卓越中心（center of excellence，简称 COE）。 在卓越中心模式中，分析师团队不是以集中方式组织的。他们分散在需要数据分析工作的各个业务或职能部门中，但都是一个公司级别的卓越中心组织的成员（也可能是属于虚线汇报关系）。COE 模式构建了一个可供分析师们互相学习分享经验与最佳实践的社区。有时，一个强大的 COE 可以扩展成项目管理机构，总揽全公司的分析工作，对项目提出合理建议，在有必要时进行数据分析资源的调配。第一资本金融公司和美国银行都采用了 COE 模式。第一资本金融公司把统计学博士都集中到卓越中心里。而由于分析师分布在银行的各个部门与机构中，美国银行通过例行的会议和网络社区促进分析师之间的沟通交流，以此克服 COE 模式的缺陷。

分散式（Decentralized）。在分散式模型中，分析师团队分布在各个业务单元中，没有公司级或统一的架构。根据我们的调查，这种模式当前最为常见，这也反映了绝大多数企业的数据分析机制还尚未成熟。这种模式的缺点在于，很难从企业的角度考虑分析工作的优先级别，也无法通过借调或轮岗实现分析师资源的高效配置。分散式模式只对那些在多个地区、实行多样化经营、开展多种业务的大型企业有效。由于业务之间的重合度很低，分散式模式在此可以发挥较高的效率。鉴于这并不是一件值得称许的事情，在此我们就不举任何采用该模式的企业名字，尽管这样的公司非常之多。

在现实中也存在以上模式之间的转变。比如，宝洁公司是从集中模式开始的，将超过 120 名分析师整合到一个共享服务组织中。但分析师本身又被分配到某个特定品牌和业务单元中，分布在全球各地开展工作。除此之外，宝洁公司其他的分析师是基于咨询模式工作的。我们还碰到过其他的混合模式，比如分散模式加上一个企业级的咨询组织，后者针对业务单元的项目提供特定的服务并给予人力上的支持。那些业务单元独立性较高的企业通常会采用"联邦式"的方法，将分析师分配到业务单元中，然后通过一个企业层面的组织来推动全局的分析工作，并且在不同的小组之间以明确的"行为准则"协调工作。

当然，我们所调查的企业都觉得自己有充分的理由采取当下的模式。所有受调查企业中，42% 采用了分散模式。然而，这种模式通行却并不意味着它是合理的。理想的模式应该可以确保那些稀缺且宝贵的分析师能够做到如下三点：

◎ 在从事最重要的项目；

◎ 从企业整体角度出发思考问题；

◎ 有充分的发展机会且具有较高的满意度。

我们的看法是，对于那些准备从企业的视角开展数据分析的企业来说，集中式和卓越中心（或是结合两者的联邦式）的模式最具潜力。在这两种模式下工作的分析师对于工作的投入程度较高，能够获得相应的资源和公司的支持，因而也就比分散模式或咨询模式下的分析师更具稳定性。在我们认为在开展数据分析工作方面比较领先的企业中，集中式或卓越中心式最为普遍，在零售业、消费类产品和服务、金融服务、医疗健康和生命科学等行业，这都是普遍现象。

根据我们的调查，少于 1 000 人的公司倾向于采用职能模式，而大型企业（超过 2.5 万名员工）则更多采用卓越中心的方式。但是，相对于行业分类，企业的规模没有带来明显的区分度。

将数据分析师作为战略来管理

分析师对于任何希望通过数据分析不断取得成功的企业都是至关重要的，但他们也是最难寻找、吸引和留住的人才。当前，很少有公司将分析人才作为战略资源来进行管理。由于分析师通常分散在各个部门中，很多公司都不清楚到底谁是分析师、他们都在哪些地方以及总数是多少。如果没有意识到分析师是一群独特的员工，当然也就无法有针对性地制定招聘、培训、发展规划以及绩效管理流程。为了对分析师进行高效的管理，企业必须：

◎ 明确对于分析技能的需求；

◎ 深入挖掘各类可能的数据分析人才资源池；

◎ 提升数据分析和业务技能；

◎ 根据公司的战略目标合理配备分析师。

明确对于分析师资源的需求

首先，针对企业要达成的战略或经营目标，明确对于数据分析工作的需求，确定哪些数据分析的工作是"关键任务"，然后梳理并甄选已经就绪的分析师团队来完成这些任务。在对数据分析工作的资源需求和当前员工的技能摸底之后，才能更加有效地利用已有的数据分析人才，并对数据分析的人力资源进行规划。比如，一家全球性的消费品公司就根据各区域的业务发展和所需的技能的预测，提前三年制定对于数据分析人才的需求。美国银行对所有员工进行梳理，确定出哪些工作包含数据分析。最终，该银行将超过 2 000 名员工归入了分析专家、准分析专家或分析爱好者的类别中。

某家零售商在开始招聘分析师之前，先对企业内现有人员的技能进行梳理，进而与相应岗位最急需的技能进行比较。通过对技能和空缺岗位的梳理，发现很多员工要么不胜任其工作岗位，要么大材小用。据此进行的人岗匹配，一方面可以减少招聘的数量，同时通过提升员工的满意度和对工作的投入程度而获益。

挖掘新的分析人才资源

鉴于对分析师的需求逐渐增多，企业必须寻求获得相应人才的新途径。惯常的做法是，企业如同对待其他白领员工一样招聘分析师。现在，无论是在内部挖掘现有员工的潜力，还是从外部发现与引进新的人才，企业都应该有所创新。这些都是为了保证企业突破限制，摆脱数据分析人力资源池逐渐萎缩的困局。

正如沙漠探险者寻找水源一样，你可以很容易地在如 INFORMS 社区、厂商赞助的会议、大学和行业讨论组等分析师聚集的地方找到这些人才。分析师通常倾向于住在以量化见长的大学或者主要的金融中心附近，在这些地方他们更能发挥所长。此外，社交网络（比如领英）、专业的猎头公司和金融工程师的网站也是可利用的资源。此外，直接从竞争对手那里挖墙脚的行为也越来越普遍了。

吸引最优秀的分析师需要表现出一定的灵活性。如果某企业将数个分析师的职位迁移到大城市，只要允许受此影响的分析师继续留在他们目前生活的小城市，他们很可能就会跳槽到你这里。另外一种寻找顶尖分析师的办法是为他们量身定制任职要求。凯里·奇克最初受聘于医疗健康保险公司的特殊调查部门，该职位就是专门招聘政治经济学博士的。否则，如果按常规的招聘要求，奇克的特殊背景是无法和任何一个职位相匹配的，尽管他具有企业所需的分析技能。

要想获得源源不断的分析人才，企业必须和那些在数据分析教育方面声名显赫的研究生院建立紧密的联系。赞助和提供实习机会可以让企业与学校之间形成密切的关系。例如，陶氏化学公司（Dow Chemical）

就和中央密歇根大学（Central Michigan University）有着长期的合作关系，雇用了大量的该校毕业生。而 SAS 赞助了北卡罗来纳州立大学高级数据分析培训的硕士课程，很多公司都喜欢雇用该课程的毕业生。

有些公司则走得更远，在未来的人才进入大学之前就与其发生某种程度的联系。德州仪器公司（Texas Instruments）与全美数学教师协会（National Council of Teachers of Mathematics）以及哥伦比亚广播公司（CBS）合作，通过赞助剧集《数字追凶》（Numb3rs）普及数据分析，该节目的故事受真实的 FBI 案例启发，反映数学家是如何破案及化解恐怖袭击的。通过激发对于数学、科学和技术的兴趣，可以对潜在的分析人才进行早期的培育。

通常的做法是，企业通过在北美或西欧招纳合同工或与专门的外包公司合作，以弥补分析人才的不足。但是，由于这些地区人才储备的日渐紧张，企业开始逐渐把目光投向了印度、中国等新兴市场。这些地区的潜力被低估，它们有着丰富的高素质、低成本的人力资源，而且随着技能和经验的不断增长，已经足以应付那些最为复杂的分析工作。其中表现最突出的是印度，该国已经成为发展最为迅速的数据分析工作离岸外包交付地。我们估计，印度将成为分析类工作的主要离岸市场。

有些公司发现有些出人意料的分析师资源可能不是来自你的公司内部，甚至不是来自你所在的国家。比如，企业在 www.Innocentive.com 和 www.NineSigma.com 之类的"点子市场"（idea marketplaces）发布需求和奖励，征集对于特定数据分析难题的解决方案。以奈飞公司为例，该公司发起了一项最高奖励为百万美元的竞赛，征集可以将其电影推荐算法的准确率提升 10% 以上的方案。麻省理工学院也把复杂的数学方程式留在黑板上，期望某位从事看门人工作的数学天才将其解开。不过，这是电影《心灵捕手》中的桥段。

分析师的培养

数据分析技术和工具处于不断的变化中，各类分析师所需具备的技能也应顺势而变。不仅仅是出于保持士气的考虑，更应该是出于应对持续变化的考虑，企业必须不断投资于分析师技能的培养，尤其是对于那些对企业具有战略意义的技能，更应如此。

内部的培训是方法之一。分析爱好者可以借机获得数据分析方法和工具等方面的提升。比如，宝洁公司的产品供应分析团队就开设了一门名为《使用电子表格进行数据分析》的课程，这恰恰就是分析爱好者最常用到的分析工具。施耐德国际物流公司的数据分析团队开设了《数据分析介绍》和《服务中的统计流程控制》课程。

另一个办法是岗位或工作内容的轮换。那些日复一日面对相同数据和业务问题的分析师极容易变得故步自封。轮岗可以让他们不断进步，并且有机会从不同的角度理解不同的业务问题。业余爱好者们同样可以受益，在和分析专家和准分析专家的合作中提升自己。这可以成为日常轮岗制度的一部分，如果执行得当，可以极大激发各个部门的数据分析活动。比如，通过常规的轮岗制度，通用电器公司将其在上海和班加罗尔的离岸分析中心员工暂时借调到运维部门工作。这种举措可以通过为分析师提供新的学习机会、接触到不同类型的工作、认识到自己工作的意义，进而在高度竞争的市场中保持队伍的稳定性，来提升员工的热情。

分析师的工作分配

让员工个人的技能和期望与企业的需求相匹配是非常重要的。要找到满足当前需求并能不断提升自己满足未来需求的员工并非易事。绝大多数分析爱好者和部分准分析专家的工作内容是相对固定和常态化的。因此，一旦所需技能得到确认而且制定了相应的绩效评判标准，就很容易将分析师指派到相应岗位。然而，对于分析专家（比如统计学博士）来说，情况则完全不同。这些专家拥有高学历，具有特殊的知识和职业背景，在人才市场上属于稀缺资源。因此，要把分析专家放在最能产生效益的岗位上，确保他们专注在企业最重要的问题上，并且可以根据企业的需求进行调整。

合理分配分析师的工作对员工和企业来说是双赢的局面。数据分析人才的市场需求极大，企业必须认识到，这类高价值员工在喜好和动机上是不同于其他员工的。同时，企业还必须促进分析师之间的顺畅沟通，尤其当他们为数不多且分布在各个部门时更是如此。营造分析师共同的社区可以打破数据分析工作上的藩篱，加速企业整体上的技能提升。

分析师管理 5 阶段

数据分析人才可能是 DELTA 模型的最后一项元素，但把它排在最后绝不意味着它不重要。花精力去理解分析师的思维方式并研究如何充分发挥他们的技能，将会来丰厚的回报。在开展数据分析的初级阶段，对分析师加以重视和关照就足够了。但是，随着不断发展，企业将面临更多的挑战。

在每个阶段，都要注意对分析人才的寻找、激励、组织、发展和部署。根据不同阶段，我们相应的建议如下表所述：

表 5-1　　　　　　　　企业数据分析进阶：分析师

从一段缺乏数据分析到二段焦聚数据分析	从二段焦聚数据分析到三段构建数据分析愿景	从三段构建数据分析愿景到四段成为数据分析型企业	从四段成为数据分析型企业到五段成为数据分析竞先者
识别现有的分析师和技能；提供关于数据分析技能的培训；鼓励员工在项目中使用数据分析；让管理者开始认可和鼓励数据分析人才。	明确需要哪些分析师岗位，然后有针对性地利用特定招聘流程来寻找所需人才；鼓励分析师之间的知识分享；通过轮岗机制提升分析师的技能；对分析师尤其是分析专家提供培训和支持。	评估所有知识员工的数据分析技能，建立与大学和行业组织之间的联系；为分析师提供高级培训机会；培养分析师的业务敏感性和业务管理者的分析技能；整合人才培养与人力分配流程；建立分析师的社区。	无论哪种岗位，都要尽量招聘具有数据分析意识的人才；让分析岗和业务岗之间的轮换成为常态；对分析师进行集中化的组织和部署；重视分析类员工并确保分析师在日常工作中不断地迎接挑战。

从一段到二段。识别并评估现有的分析人才：有哪些人才？分布在哪些部门？技能水平如何？这花不了多少时间。然后提供如统计方法、软件工具和应用等数据分析技能方面的培训课程。鼓励分析师与其他员

工之间的交流和非正式交流。让企业高层开始认识、认可和鼓励分析师。

从二段到三段。这个转变需要在寻找、管理和培养高级分析人才上持续地付出努力。可以通过如相关的网站、协会和学校那些分析师聚集的地方寻找人才。量身定制职位描述以吸引数据分析人才。要鼓励各类分析师（一流分析师、分析专家、准分析专家和分析爱好者）之间的交流。将工作内容相近的分析师聚在一起，以促进协作及提升工作效率。尽量让分析师多和数据打交道，这可以让你看到在分析师培训方面需要改进的地方。最后一点，加深分析师对企业和行业的了解。

从三段到四段。加强和学术界以及行业协会之间的联系，以便为将来的人才招聘及专业能力的培养奠定基础。对于分析专家和准分析专家，通过培训让他们能跟上流程、软件和技术的最新发展。要注意培育分析师对于业务的嗅觉和业务管理者对于数据分析的理解，这样可以保证数据分析真正在企业中普及开来。构建跨越各个职能、业务和区域的分析师社区，以确保他们能够了解数据分析的最新发展、解决共性问题以及发掘新的机会。如果可能的话，反关键的分析师集中组织起来。

从四段到五段。为具备数据分析能力或潜力的员工量身定制人力资源战略和流程，即便是分析爱好者也需要具备一定的数据分析技能。用有趣味性的和充满挑战性的工作来吸引、激励和留住杰出的分析人才。通过轮岗机制让分析师经历来自不同部门、业务和区域的各种挑战。基于你对分析师的预期，调整绩效管理流程，以此确保分析师能够因为自身的贡献而获得相应的认同和回报。

A N A L Y T I C S
A T　W O R K

成为数据分析竞先者

◎ 顶级的分析师不是简单的人力计算机，他们是市场上的稀缺资源。他们可能会感到与业务部门同事格格不入，而且工作也未得到重视。一旦有失意的感觉，他们可能会离开寻找新的机会。

◎ 金钱不是万能的，工作的趣味性和挑战性对分析师来说极其重要。

◎ 离岸的人力、学校里的教授和学生以及开放式竞赛都是发现数据分析人才的有效途径。通过和大学、社区以及相关会议的紧密联系，可以为你带来各类所需的人才。

◎ 雇用那些具有数据分析才能的人，然后为其提供所需的数据分析技能培训。

◎ 无论是集中式的团队还是轮岗机制，都需要在整个企业的范围内有策略地组织与分配分析师资源。

◎ 数据分析需要多方面知识：分析爱好者、准分析专家和分析专家都需要数学和技术方面的技能、行业知识、业务敏感性；此外，沟通能力、人际交往能力和培训的能力同样重要。

ANALYTICS AT WORK

第二部分

实践数据力，成为智能商业竞先者

Smarter Decisions
Better Results

ANALYTICS AT WORK

数据分析的运用之法

为了能够发挥数据分析的全部潜力，并且使其具备持久性，你必须使数据分析成为整个组织中人们日常工作、管理和思考的一部分。我们曾经服务的很多四段或五段企业，它们都具备 DELTA 模型的 5 个要素，并且数据分析应用也能够提升它们的绩效和竞争力，但是，数据分析应用往往局限于一个或两个业务领域，例如市场营销或物流管理。然而，没能在整个组织内部推行数据分析，这往往是由于组织中的成员还没搞清楚数据分析究竟是什么以及为何重要。

我们并不认为企业中的每一个人都应该是数据分析导向的，不过，企业中的数据分析爱好者确实是越多越好。 并且，我们也不认为所有的业务活动都需要正式的模型的指导，毕竟培养企业视角和目标是为了将资源和精力投入到回报率最大的地方。然而，我们认为如果企业员工能够知道如何寻找相关的数据、如何分析数据、如何制定合理的决策、如何基于事实进行管理，那么企业的运营、决策以及绩效就可以有无数的可供改进的细微之处。**基于数据的思考需要成为企业内部少有例外的通则。**

企业如果想变得真正以数据分析为导向，需要有三个里程碑：

◎ **数据分析被嵌入主要的业务流程中，成为企业发展的动力。** 早期的决策支持系统致力于帮助管理者汇报、分析与解释数据，以进行更好的决策，但这些应用很少产生重要的影响，这是因为这些工具还没有和企业的业务应用与工作流程相整合。那些想使用数据的管理者必须停下手头的工作去做一些分析。嵌入是一种更佳的方式：围绕具有明确准则的重复性决策设计自动化流程。第 6 章将讨论什么样的业务流程适于嵌入数据分析，并讨论所需的相应技术。

◎ **企业应当构建并持续强化基于数据的决策的文化、"测试并学习"的理念以及对于基于事实的决策的认可。** 在以数据分析为导向的文化中，管理者不满足于猜测什么做法是有效的。企业利益比企业政治更重要，所以鼓励管理者去驳回缺乏数据支撑的提案。在数据分析导向的文化中，提出一些难以回答的问题是惯例，高层管理者是严格且具有批判性的。正如某位具有分析导向的高管所说："我的工作并不是给出所有答案，而是提出一些尖锐的、令人不安的、甚至有时是具有挑衅意味的问题，这是数据分析流程的一部分，它将会带来更深的见解与修订。"当这种态度在企业蔓延，那么数据分析文化将蓬勃发展。第 7 章将描述数据分析文化的一些特性以及如何培育它的一些方法。

◎ **永不满足，随时关注业务环境的变化，企业有必要持续评估它的业务假设和分析模型。**数据分析能力不应比它所处的业务环境更加静止不动。不能适应环境将导致灾难：想想美国航空的例子，它曾经因在收入管理和物流方面引入数据分析模型而走在前列，但最终失去了竞争优势；想想次级贷款的发放者，他们的数据分析模型在房价持续走高的时候运转良好，然而一旦房价下跌，也不得不面临灭顶之灾。所以，从战略角度考虑，你有必要持续评估和更新你的目标、业务模式和数据分析手段之间的关系。从策略角度考虑，你需要持续评估你的数据分析模型，需要不断周期性地评估数据源、新技术、市场假设、模型参数，以更新模型。第 8 章将详述你如何通过对数据分析一直保持警觉，而完善上述的不足。

一旦你达到三段水平，上述三个特征是至关重要的。如果你不能促使足够多的员工进行数据化的思考与工作，那么你不可能在数据分析之路上进阶并保持持续的动力。总之，这三个特征将那些只是做一系列各自独立的数据分析项目的公司，与那些能够构建长期的数据分析能力从而真正以数据分析为导向的公司，区别开来。

06

让数据分析与业务流程高度融合

ANALYTICS AT WORK

如果你真的想让数据分析在企业中发挥效力，那么你必须使数据分析成为日常商业决策以及业务流程中的一部分，只有这些商业决策和业务流程才能使业务运转并创造价值。在一个以数据分析为导向的企业，数据分析不能只是被一些分析师所珍藏而秘不示人的宝贝，也不能是一些只适用于如市场营销等特殊场景的孤立应用。并且，数据分析应用与工具必须能够成为信息工作者日常工作中的一部分。一旦被嵌入业务流程与工作流程，数据分析也由偶尔为之的辅助性工作变为商业活动中持续性的、日常性的、自然的一部分。将数据分析嵌入业务流程，提升了企业将新的洞察应用于业务场景的能力，缓解了洞察、决策与行动之间的割裂的情况。

例如，汽车租赁公司安士飞租车公司（Avis Europe）将数据分析嵌入它的预订流程，这大大地缓解了洞察、决策与行动之间的割裂。汽车租赁行业的利润主要来源于能否根据客户的支付能力将适量的汽车配送到合适的地点。之前，公司主要依赖于车队管理者的经验与判断，要求他们每周研究预订系统的数据以预测哪个地区将对汽车有最大的需求量。然而，据安士飞租车公司的网点系统主管詹斯·厄特奇（Jens Utech）介绍，公司最终落入墨守成规的窘境，公司年复一年地使用着相同的路线规划。例如，每个星期五的早晨，网点主管会将一卡车的汽车由希斯罗机场（Heathrow Airport）运往伦敦市区以应对预计的周末高峰，而从不考虑究竟有多少汽车将被租出去。厄特奇宣称，公司运营无法得到提升，这是因为太多的配送与定价决策都是在"没有预测也不够精细"的条件下做出的。

在进行更加有效而透明的车队配送决策的尝试中，公司在汽车预订流程中测试了一个新的数据分析方案。在一年的时间中，方案可以使用安士飞租车公司的预订系统中的数据精准预测哪里有用车需求。例如，和之前星期五早晨从希斯罗机场向伦敦市区运送一卡车汽车的做法不同，它能够预测从希斯罗机场运送 4 辆汽车，再从附近的伦敦斯坦斯特德机场（London Stansted Airport）运送 4 辆汽车即可满足需求，而这样做的效率最高。除了更加精细的车队管理，系统还能够建议更加优化的预订方案。例如，在诸如圣诞节这样的用车旺季，预订系统会限定租车时间不应低于 3 天，这样，汽车将租给那些能够贡献最大利润的客户。类似地，系统能够帮助预测特定网点在何时将会出现汽车供应不足的情况，以据此提前提高价格做出应对。将数据分析直接嵌入日常决策流程中，使得企业的车队利用率提升了两个百分点，或者说创造了 1 900 万美元的收益。

除了明显的经济收益之外，数据分析的潜在作用还在于发现关联：识别商业活动中的模式，分离出其中的绩效驱动因素，预期决策与行动的效果。为了发现关联，你必须能够在关注眼下的任务与决策的基础上看得更远，能够意识到与之相关的上下游都发生了什么。也就是说，你必须仔细检视如何将数据分析嵌入整个业务流程。

如果将数据分析应用于特定的业务部门，那么它便能够帮助进行诸如在特定产品上的最优广告投放等决策。然而，对于市场主管而言更为要紧的任务是，如何综合考虑不同的广告渠道、不同的地理区域、公司的整个产品线以优化广告支出。**为了完成这个更为宽泛的目标，你必须着眼于整个营销流程，而不是这个流程中的一小部分。**

然而，着眼于某个流程也只是一个开端。我们之前提到过，为了真正地优化业务绩效，你必须从企业全局着眼。跨业务单元的流程视角使得你能够审视业务的不同部分是如何配合工作的，或者是如何不能配合工作的，并且能够发现如果要为企业创造更好的绩效，数据分析将如何发挥作用。从这个视角看，你能够看到人、流程以及技术如何相互配合以进行尽可能最优的决策，并能高效地执行这些决策。例如，制造业可能会投资于产品的生命周期管理软件以协调从产品研发到产品退市每个环节的数据以及基于数据分析的决策，从而影响业务的各个流程。

手工分析，还是工业化分析

最初，任何行业的数据分析都是针对某些对数据或分析有需求的特定场景服务的。即使现在，很多分析工作还采用手工的方法，即针对特定决策使用专门的即席分析服务。这并没有什么错，并且这适用于任何新的基于数据分析的决策。然而，当决策（即使是复杂的决策）被人们所熟悉以及被更好地理解，并且变得日常化时，你便应该使用更加工业化的方式来应对这些决策。工业化的方式将自动化处理这些决策，并且将数据分析整合到整个基于决策的工作流程中。这个工业化的过程不会有大部分工业化过程中存在的损害劳动者权益和污染环境等痼疾。

表 6-1 对比了在进行商业分析过程中手动分析和工业化分析的区别。手动分析是一次性的工作，需要投入的精力有限。工业化分析需要前期投入更多的时间和精力，但这些分析对之后的决策是随时可用的。手动分析的结果往往在使用之后就会被丢弃与遗忘。而使用工业化分析，其分析模型与规则将成为在流程中进行决策时的一部分。

表 6-1　　　　　　　手动分析与工业化分析对比

	手动分析	工业化分析
模式	即席分析，项目导向的	嵌入持续不断的流程中
目的	一次性决策、事件驱动决策	持续不断的流程绩效优化
收益	一次性的	重复性的
投资	较低的一次性投资	较高的初期投资，之后不断维护模型
实施时间	较短	较长
分析速度	和实施时间一样	一旦部署，快速而及时地响应
人员	人力密集	前期人力密集，后期维护成本低
分析库	能够被保存和复用，但更多被丢弃	持续地维护和改进

三种类型的决策

为了使用工业化分析的方法，你必须决定被嵌入分析的决策将在何种程度上实现自动化。有三种不同的模式。

在完全自动化的模式（fully automated approach）下，由系统进行决策，并设置后续处理流程中的动作。如果决策定义清晰，决策规则明确，决策策略不存在意外情况，那么这些决策可以自动化完成。如果对决策响应时间的即时性要求很高，那么决策必须自动化完成。例如，酒店与航空业的收入管理系统，金融服务业的贷款与承保系统中的分析型决策都往往是自动化完成的。

第二种是意外与可被推翻的模式（exceptions/overrides approach）。如果决策所需应对的大部分情况是标准化场景，只有一些意外情况需要专家意见与判断，这些标准化的决策可以自动化完成，当出现意外时，人类获得提示并被要求检查这些意外情况。这里需要考虑的是，如何设置参数以定义什么是意外，并且决定是否需要人类快速评估这些标准化决策以及意外情况。例如，当涉保金额过大或条款过于复杂时，保险公司经常要求人类专家的介入。可惜的是，这种方法没有在《终结者》或《黑客帝国》等电影中体现：计算机系统本应在它们奴役人类之前就被接管。

第三种是辅助模式（assisted approach）。如果决策非常复杂（例如如何设置金融交易结构），会遇到一些不可预料的变量（例如客户反应），或者决策没有先例（例如新的业务模式），或者需要来自不同人群与学科的专家知识，那么数据分析的角色将是辅助决策或为决策提供信息，而不是直接进行决策。例如，在医疗领域，医师可能会先参考自动给出的建议，然后就如何诊治病人自己拿主意。在理想的情况下，这样的系统会为决策者提供一组丰富的相关数据与分析，甚至可能提供有关流程与结果的模拟仿真。系统会维护与改善更多的特殊的、独立的模型，以便日后的复用。

表 6-2 总结与对比了支撑决策的不同方式。一个业务流程可能会包含上述全部三种决策模式。需要不停地迭代设计、测试与实施以确定最佳的决策模式组合。值得一提的是，随着时间的推移，当关键变量被识别并被充分研究、有关异常的模式被识别并被建模，决策将向着自动化决策的模式演进。

表 6-2	三种决策类型		
	自动化决策	可被推翻的自动化决策	辅助性决策
决策类型	简单、定义清晰	决策复杂性符合正态分布	复杂的
意外处理	没有意外	能够识别意外并做出特殊处理	必须包容未知变量
关键要素	速度与一致性	专业知识	专业知识与协作
分析目的	规则	告警	仿真

在面对完全自动的决策模式、自动且伴有人类干预的决策模式以及在数据分析的支持下的人类决策模式这三种决策模式时，我们应对正确的组合模式进行思考。你的公司应该思考一下下列问题：决策是应该完全自动进行，还是人类有权利推翻某个自动化的决策？系统是应该给出提示，还是直接自动采取行动更新状态（例如，通知使用者以他们的名

义采取的行动的最新状态）？推翻机器推荐的决策的人是否会受到惩罚，或者是否有必要询问这个人做出这一决策的原因？对这些问题的回答将会促使你将数据分析嵌入业务流程的正轨，直至到达分析型业务流程的极致。

分析型业务流程的极致

一个真正嵌入数据分析的业务流程如何工作？我们将其理想特征描述为"分析型业务流程的极致"，这些特征包括：

◎ 我们知道流程中的关键决策点。

◎ 我们有足够的数据支撑这些决策。这些数据可能来自业务流程的上游或者下游，也可能来自业务流程的其他部分，还可能来自市场。

◎ 我们依赖分析，并且我们将决策置于事实的基础上。

◎ 我们采用诸如电子表格、预报、预测模型等分析技术为决策提供信息，辅助决策，甚至进行自动化决策。

◎ 分析工作与技术被整合到运营系统和流程中。

◎ 流程的结构与步骤是灵活可变的。流程中有不同的路径或"通道"。例如，用于处理简单与标准情况的进行自动决策的"快速通道"；用于进行伴有人工评估的自动决策的"常规通道"；以及需要有经验的决策者干预的、用于处理意外情况或复杂情况的"特殊通道"。

◎ 我们需要在数据分析的帮助下监测这些决策的绩效，也需要监测整个流程的绩效。这样一来，我们便能够快速识别流程改善的进一步需求与机会，并采取行动。

然而，现在极少的业务流程能够达到这一极致状态。但是，我们不难对此进行展望。让我们看看保险行业的理赔流程。图 6-1 描述了财产险与意外险的理赔过程中的关键步骤和关键决策点。这个过程引入了一系列分析以及一些自动化或半自动化的决策。从报损到理赔结束的基本业务流程以圆角方框和连接线表示。用到数据分析的自动决策点以矩形框表示。

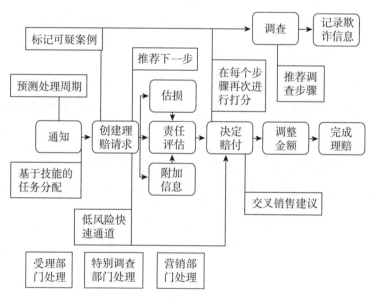

图 6-1　理赔流程中的数据分析

这些决策点可以分为三类。第一类决策改善理赔流程本身，这类决策能够帮助预测理赔受理与赔付大概需要多长时间。第二类决策根据报损时提供的基本信息，根据受理申请所需的技能将理赔工作分发到相应的分支。一旦理赔工作启动，它可能有两种不同的处理流程。一种是将那些欺诈风险较低的简单案例使用"快速通道"进行处理与赔付。另一种是较复杂的案例，系统则会建议进行进一步的损失评估、信息搜集，以确定理赔方案。在受理流程的不同决策点，理赔申请会根据这个案例可能是骗保的风险程度进行打分。风险打分较高的案例被分配到特别调查组（Special Investigations Unit, 简称 SIU）以开展所推荐的进一步调查举措。最后，在整个处理流程快要结束的地方，当顾客获得或即将获得满意的赔付时，推荐引擎会提出一些可能的交叉销售的建议，例如建议扩大保险承保内容等。

这个理赔处理流程既高效又灵活：快速通道降低了工作量，只有那些复杂的理赔申请才需要全面评估，只有那些潜在的欺诈案例才需要深入的调查。事实上，这个流程的高效正是由于它很灵活，数据分析决定了不同案例的不同处理流程。即使对于某些资本密集型的业务流程(例如，制造企业的供应链流程）来说，企业也会发现：灵活的流程要优于经过优化但长期固化的流程。一个经过仔细调整但只以单一方式运转的业务流程，当面对市场需求或其他环境发生变化时，不可避免地会使业务陷入被动。通过及时的、有数据支撑的、一致的、自动化的决策，嵌入业务流程的数据分析使得很多业务流程变得更加灵活、高效、快速。显然，如上述理赔业务流程的例子所示，如果没有出色的数据分析及信息技术的支撑，业务流程不可能同时兼具上述优点。

当然，也许你会希望对自身的业务流程引入数据分析的潜力进行评估（如果你想温故知新，可以翻回第 4 章有关章节寻找灵感）。在数据分析阶梯的最高两级是实时优化以及制度化行动，这些数据分析应用都得益于它们被嵌入了业务流程中。业务流程以及实时应用中嵌入的数据分析使得处理过程变得更加快速、高效、灵活，这为差异化市场策略带来了商机。

也许你希望评估每个业务流程的数据分析现状与数据分析潜力之间的差距。在这个评估过程中，你能够处处发现机会，然而真正的问题在于如何保证合理利用这些机会以提升业务绩效与竞争优势。同时要注意的是，对于那些还不便于使用嵌入式或"工业化"的数据分析的业务流程，即席分析与手动分析还将占有重要的地位。

嵌入核心业务

我们看到了在若干商业领域将数据分析用于核心业务流程的诸多案例。统计分析服务于供应链管理和物流管理已经有数十年的历史，产生了包括统计过程控制（Statistical Process Control, 简称 SPC）以及全面质量管理（Total Quality Management, 简称 TQM）在内的诸多应用。实时的数据分析帮助呼叫中心的员工更有效地和客户沟通。数据分析在产品设计方面对工程与仿真提供帮助，也成为一种通行做法。

在业务支持部门，数据分析也能影响财务绩效的方方面面，在技术运营管理方面引入数据分析已经成为通行的做法，而在人力资源管理方面，数据分析的应用还处在开始阶段，也意味着其中蕴含着巨大的商机。在公司整体发展方面的诸如公司并购、合并等一些关键决策上，数据分析能够助力颇多，但很少有公司能够以流程化的方法将数据分析引入这些工作之中。

UPS 物流公司的案例能够激发你将数据分析嵌入核心业务流程的兴

趣。作为一家物流公司，该公司与"旅行商问题"（Travelling Salesman Problem, 简称 TSP）的解决息息相关，旅行商问题需要解决的是，如何调动合适的配送能力以最高效地将货物运抵诸多目的地，并且问题的解决还需要引入时间窗口这个限制条件。显然，这个问题需要十分复杂且"工业化的"数据分析以解决诸多问题，这些问题包括：飞机与车队的运力规划、包裹在物流网络中的配送安排以及配送货车的排班与路线规划。UPS 物流公司被数据分析应用深刻影响，数据分析应用逐步进入业务的实时与动态调整之中。例如，UPS 物流公司在实验一些新的算法以便在环境发生变化时（例如，道路封闭、客户有极其特殊的要求等）调整配送策略。

4 个步骤，解决数据分析融入业务流程的难题

数据分析对运营流程的影响可能是复杂而深远的。随着数据分析的深入，你可能需要再造业务流程，以及重构信息系统以实现数据分析的价值。但是，你可以在不进行全面改造的情况下，在业务流程中嵌入数据分析。对于那些重度依赖业务系统实现的业务流程，可以先利用系统软件自带的分析能力作为开始。然而，很多面向流程的数据分析需要全新的工具、技能以及组织架构。我们认为，实现基于数据分析的业务流程需要 4 个方面的工作。

第一是流程部署。有时，我们需要创建一个全新的业务流程以便在流程中引入数据分析。然而，在大部分情况下，对现有流程进行调整或者增加新的能力就能达到目的。尤其考虑到很多数据分析应用是迭代式

地演进与发展，很有必要先去度量既有流程的绩效，然后同时运行既有的业务流程以及改善的业务流程（通常以尝试并验证的方式进行），以对新流程优化，并且衡量新流程的效果与价值。有时，流程仿真能够在流程部署之前提供很多有关新流程如何运作的信息。

第二是模型部署。很多基于数据分析的流程的工作聚焦于如何设计、开发、优化统计算法、预测模型以及规则系统。如果你想"工业化地"实现某些重要的决策流程，那么你的模型中的规则、假设以及算法的正确性都是至关重要的。分析型项目通常需要和传统的系统部署有所不同的工具与方法论。当然，这些工作将由那些具有统计与建模能力的专门的分析师和程序员完成。

第三是系统部署。分析型系统必须和支撑业务流程的系统或工具相整合。为了实现系统对接，有必要使用面向流程的系统的相关技术，这些技术包括 ERP 系统、工作流系统、文档管理系统等诸多系统。系统整合与系统测试是至关重要的，因为好的分析系统需要广泛的高质量的数据源，并且基于数据分析的决策将极大地改变业务流程。

第四是人员部署。当数据分析对流程及相关人员是全新的时候，其中最大的挑战来自人。只有人能够辨别一个嵌入的新应用是否催生了更好的决策，所以在构建任何嵌入式模型时一定要在开发、管理、监控模型假设、管理模型结果的全过程中引入人的参与。另一个需要考虑的重要因素是哪些决策应该由机器自动完成，哪些决策需要由人工完成，其间需要把握一个适合的比例，以确保这些流程的相关人员能够相信并使用这些新的信息与工具。

上述 4 个方面是相辅相成的：**业务流程与决策由分析模型控制，其他信息系统与模型产生接口并为其提供优质的数据，人们在嵌入式数据分析的辅助下进行更优的决策。**如果你缺乏清晰的业务目标、规范以及动力，有必要先对概念进行示范与测试，和利益相关者一起定义项目目标，对现有的资产尤其是数据资产加以利用以构建业务案例。

IT 基础架构，融合的核心

现在，技术已经和业务流程相互融合。所以在通常情况下，将数据分析嵌入业务流程的最佳途径是将其与员工日常工作使用最多的应用相结合。将数据分析嵌入业务流程是以构建一个准确的、及时的、标准化的、整合的、可靠的信息管理系统为切入点。计分卡以及其他一些根据事先设定的阈值进行监测与报警的应用已经成为信息系统中的标准配置。然而，除此之外还有其他很多独立应用。如下三种情况，IT 基础架构使得数据分析与既有的业务流程易于结合：

◎ **与自动化决策应用相结合：**这些程序对实时的数据与环境的变化进行感知，应用事先设定的知识与逻辑进行决策，所有这些都只需要最小限度的人工干预。对于那些使用已经数字化的信息(数据、文本、图像等)，且必须频繁而迅速做出的决策，最适合使用自动化决策程序。这些系统中的知识与决策规则必须是高度结构化的。决策需要考虑的因素（业务问题的考虑维度、决策的前提条件以及决策点）必须能够被清晰理解，且不易发生变化。自动化决策所需的前提条件必须足够稳定而成熟，专家能够编制决策规则。生产系统可以完成相应的业务流程的自动化工作。高质量的数据以数字化形式出现。适于进行自动化决策的业务应用包括欺诈监测、解决方案配置、收益管理、实时推荐、动态预测、运营控制（例如监控与调节温度）。

◎ **与为运营性及战术性决策服务的业务应用相结合：**为完成供应链优化、销售预测、广告优化及规划等任务，经营者需要将（定制的或由第三方采购的）分析型应用整合到其网页应用以及业务系统中。推荐、规划以及"What-if"等分析应用中可引入准实时信息与模型，以应对诸如利润与客户满意度等相互冲突的目标。分析型应用最适用于那些界定清晰的周期性任务，这些任务所需的信息是可以预见的，并且能够以数字化的形式获得。和完全自动化的决策相比，这种情况在所需的数据、知识、决策规则更加界定不清晰、更加易变的情况下，需要引入更多的技术与业务专家技能。

◎ **与信息处理工作流、项目管理、系统办公、个人办公等应用相结合：**很多如 Microsoft Office 的个人办公软件已经包含了很多信息处理工作。当厂商在他们的协同办公与个人办公工具中引入更多的数据分析内容时，数据分析的功能对整个企业中作为非专业分析人员的普通员工来说变得更加易用。一家快消品公司发现，他们精心构建的模型往往被忽视。直到这些结果被以 10 页幻灯片的形式展示并且被直接发送到销售人员的邮箱时，这些结果才得到应有的重视。当平台厂商将他们的产品更好地无缝整合时，管理者无须知道他的 Excel 表格在使用企业 ERP 系统时生成预测数据。这种情况更适合那些决策标准更加不清晰、信息的结构性并不那么强的决策。

为了应对日益增长的将数据分析嵌入流程的需求，专门的应用提供商以及主要的平台厂商都在它们的工具与应用中开始引入更多的数据分析功能。软件公司正在创建更多领域专用的、流程驱动的应用。如甲骨文公司等主要的平台提供商正在以提供更多的统计功能的方式为其企业数据库产品引入更多的数据分析能力。ERP 厂商正在产品中引入更多复杂的分析功能，从而在业务流程中继续整合行业最佳实践。微软、甲骨文公司、SAP、SAS 正在它们的应用与工具中持续地添加更多的分析以及商业智能的能力。

最常见的 7 个障碍

在研究过程中，我们和很多曾经试图将数据分析嵌入业务流程的人进行了交流，这些人既包括初次试水的菜鸟，也包括已经将数据分析作为其核心竞争力的老手。通过对这些人的观察，我们列了一个清单，这个清单中包括了将数据分析嵌入业务流程中时最常见的 7 个障碍或者说关键点。

定义问题：如果数据分析对流程而言是全新的尝试，且很难想象它将带来何种影响，我们将从何切入呢？甚或是如果没有任何人能够真正说清楚现在的决策是如何做出的，我们该怎么办呢？对于决策没有任何记录是很常见的情况，尤其在那些决策者经验十分丰富时更是如此。处理这个关键点的诀窍在于你的分析师：他们既需要和决策者一起工作，以便了解他们的工作方式和思维方法，也需要了解数据以发现其中的规律和意义。

数据：当关键数据不完备或者不可得时，或关于数据的含义与格式不能与相关方达成一致时，将如何处理？这是业务与系统中经常遇到的问题，它一直困扰着信息行业的从业者。然而，这对于嵌入式的数据分析工作的阻碍更突出，因为这些工作依赖于高质量的完备数据。从长期来看，解决问题的关键在于组织与整理你的数据资产，使其与业务相匹配，同时不断评估与优化你的数据管理方法。从短期来看，你需要一边分析数据一边整理数据，因为即使最规范的业务流程也有可能缺失数据或产生"脏"数据，这也是为什么半自动化的决策经常不能胜过人类决策的原因。

业务合作：如果业务流程主管、高层管理者或其他相关方没有任何数据分析方面的经验，你如何向其解释你的计划以及进展？如果考虑到数据分析需要不断试错的本质，那你又将如何处理这些问题呢？解释会让这些人一头雾水，因为算法与模型对他们而言是"黑盒子"，或者他们只是希望能够看到传统项目一样的进度报告。在这种情况下，一些实践者通过耐心的沟通与教育取得的成果，他们使用的方法包括了解相关方对数据分析的理解程度，并且让他们清楚在不同阶段应当预期什么样的成果。

用户教育：你如何说服人们放弃其对一贯进行的决策的绝对控制，使他们相信数据分析的力量，让他们放心地认为自动化决策要比他们自己做出的决策更好、更一致？如果相关人员没有足够的数据分析经验，这里的关键是要尽可能早地让他们参与到系统与流程的设计和测试过程中，并确保在项目部署之后能够有渠道获得他们的反馈意见。

发布与推广：如果业务不是集中统一的，那么在面对复杂多样的分析能力以及对数据分析的态度各不相同的情况下，你如何在企业中发布新的系统、决策方式以及业务流程？你是否应该在环境最友好，管理者最热心、最投入的地方开始你的推广工作？你是否应该在新的流程最易实现的地方作为切入点？你是否应该在决策者与管理者的反馈最容易获得且最有用的地方作为起点？当然，很少能够有地方同时兼具上述几个条件。不过，要记住的是系统的初次部署也是未来数据分析以及流程设计迭代的起点，我们建议更加关注能够获得高质量反馈的地方。

项目结束：你怎么知道已经大功告成？什么时候宣布项目已经结束，什么时候宣布应该由迭代建设的阶段转入模型管理的阶段？然而，不幸的是，数据分析项目的实施永远没有终点。如果开发应用的分析师或资助项目的管理者是完美主义者，他们一直希望能够继续调优这个应用。业务流程也会随之调整，然而你是否已经达到了收益递减的拐点，你的分析师是否应该开始为其他一些更能产生效益的流程与项目服务？项目完成的标志有两种：其一是设定流程绩效目标，一旦目标达成（或推进已经变得十分缓慢），则可以宣布项目结束；其二是为每一次项目设计与迭代周期重新发放资金。一旦出资方没有看到新一轮投资能够带来更多的附加价值，项目结束。

透明程度：你希望公开与分享有关分析方法和分析应用的多少信息？尤其当这个过程涉及其他客户或合作伙伴时，你希望公开多少信息，这点十分重要，也十分微妙，尤其当这些应用和很高的商业价值相关，甚至和企业的竞争优势相关时，更是如此。一直以来，人们希望将这些流程与信息系统高度保密。然而，业务关系的大趋势是走向合作，走向包括客户与供应商的流程整合及系统整合。需要不断地追问，与保守秘密相比，如果将你的数据分析能力与他人共享是否会创造更多的价值。有时你的企业的数据分析文化更难以模仿与复制。算法与模型可能还会是商业秘密，但相关流程最好可以共享。

能够很好地处理这些关键点的企业，如果能够将数据分析嵌入其核心业务流程与系统，则将开始迈向"分析型业务流程的极致"。这些企业能够通透地理解它的工作流、信息流、业务流程的决策点，这些都将成为它们独特竞争能力的一部分。它们利用数据分析同时提升效率与灵活性，并为这些流程的客户提供高绩效的服务。将数据分析嵌入业务流程也为员工传递了一个清晰的信号，即数据分析对整个企业来说都是至关重要的。**将数据分析注入企业的下一步将是将数据分析引入企业文化中。**当然，如个人生活很难达到极致一般，企业的分析能力也很少能够达到极致。但我们必须为精神生活与数据分析的完美而努力。

07

营造自己的数据文化

ANALYTICS AT WORK

　　每次，当我们步入真正善于应用数据分析的公司时，都会发现以数据为导向的思想已经深深地植入其企业文化中。数据分析文化作为企业的一项基本原则超越了个别决策者的好恶，它不是被罗列出来作为明确的规定，而是人们都认为它是理所当然的。在充斥着数据分析文化的机构中，那些由于分析技能而获得工作的新雇员会很快发现，该机构是基于数据分析和事实进行决策的。尽管大部分企业尚未有意识地培育数据分析文化，但我们相信它们未来会逐渐开始重视。

数据文化，硬科学碰撞出的软要素

　　文化是一个机构组成中的软要素之一，与数据分析这种"硬"科学的特性看似互不相容。但是，如果你想让自己的公司做出更好的决策，文化就是至关重要的。什么是数据分析文化？像任何文化一样，它是一系列个人品质和行为不断重复与强化的结果。在数据分析文化里的人们展现出了一系列共同特征。以我们的研究和体验，这些特征有以下几种。

　　探寻真相。具有数据分析头脑的人不会把传统的行动视为理所当然，而总是试图发现业务经营的真实本质。他们使用分析和数据并非单单为了表现出理性和客观性，而确实是对商业环境抱有理性和客观的态度。在追求真相时，他们专心致志地运用严密的客观逻辑，不预设前提和偏见。这意味着分析人员必须对现状、共同假设和传统观念提出质疑。结果，他们可能会得到意想不到的结论，其中有些可能在政治上不正确的。因此，数据分析文化的精髓是辨别和奖励数据驱动的最佳洞察。人们乐于接受惊喜，并因此更愿意创新。

　　发现模式并追根溯源。不管你的数据分析能力处在什么阶段，都需要从数据和现实世界的状况中识别模式。发现问题的根本原因不仅是一个人的任务，而是可以被植入企业文化中。例如，丰田公司寻找问题根本原因的"五个为什么"方法已经成为其文化一部分。如一位管理者指出的，在丰田公司的数据分析文化中，答案不仅来自演绎推理，还来自对每个"为什么"的不懈探寻。

　　尽可能细致地分析。好的数据分析通常来自更详细的数据和分析。如果你的数据中有平均值，那就尝试在平均值之外理解其方差。如果你的数据中有邮政编码，那就试试普查数据甚至家庭数据。如果你的数据涉及一些家庭，那就尝试了解每个家庭成员的更多信息。

　　搜寻数据以分析问题，而不只是从传闻出发。不以数据分析支撑的企业文化通常用传闻逸事来支撑决策，而数据分析文化则探寻数据。奇闻逸事有时可能很有趣，但一般不具备代表性。即便如此，我也将通过一则逸闻来支撑我的观点。得克萨斯地区最大的医疗系统赫曼纪念医院

（Memorial Herman）引入越来越多的数据分析。曾经，该地区有 11 家医院，其中一位高管在一次高层会议上宣称，食物的口味是病人满意度和感知质量的一个主要影响因子。赫曼纪念医院的数据分析团队于是检查了他们自己的病人满意度数据，来验证这个言论。数据分析结果表明，食物质量是预测病人满意度中效果最差的一个因子。事实上，运用回归分析和相关性检验后，它在 30 多个与病人满意度相关的因素之中排名最后。事后发现，这个结果是那位高管曾经与医院中特别讨厌医院食物的两位病人交谈过后得出的。发现并剔除对糟糕表现的貌似合理但却无据可依的解释，对医疗保健服务的持续改善是至关重要的。这也是赫曼纪念医院因出色的医疗成果而赢得 2009 年美国国家质量奖（National Quality Forum）的主要原因。

对负面结果和正面结果一视同仁。 既然数据分析是科学方法在商业上的应用，那么，科学方法的一个重要准则就同样适用，即负面的结果与正面的结果一样有价值。也就是说，如果你发现一个干预手段并没有起作用，它并没有提升销量或者促进顾客购买，这与你得知一个手段确实有效一样有用。一个不能容纳负面结果的文化，会使人们歪曲正面的结果，这是非常不幸的。

运用分析的结论来做出决策并采取行动。 基于权力和政治的考虑，而不是通过客观分析来做出决策是企业文化的毒瘤。这意味着，如果你位高权重，就可以为所欲为。这是一直困扰通用汽车公司很多年的难题之一（基于对其高管们的采访）：市场调研、收集数据、提出建议都已经完成，但决策层通常因为权力和政治的考虑而对这些结果采取无视的态度。与之相比，宝洁公司对其分析师的考评不是基于其分析质量和提出的方案，而是根据这些方案付诸实践后所取得的进展。

对决策过程的数据分析采取实用主义态度。关于基于数据分析的决策最常见问题之一是："它会不会过度分析了太多的数据，或花费太长时间做出决策？"这当然极有可能，且时有发生。收集大量数据或进行细致的分析有时会成为推迟决策和行动的借口。数据分析的优秀实践者对于分析与决策之间的权衡是采取实用主义态度的，尽可能多地收集更多的数据并进行分析，但也不会因此而做不必要的拖延。如果需要快速进行决策，他们会基于经验和现有的最好数据。数据分析文化包含许多可能特别难以达到的特点。而且，这种文化可能会随着机构部门、职能设置、营业单位和地理位置的不同而发生变化。如果期望你的公司更加以分析为导向，那么就需要评估该文化适用于哪里以及不适用于哪里。

恩威并施

在许多大公司中，以分析为导向的职员仍然很缺乏。所以，那些想要建立数据分析文化的公司必须为公司里那些采取错误行为的人设置严格的（但非惩罚性的）"纠正"措施。日复一日地将"数据和分析能催生好决策"的观点植入人心。

例如，在谷歌，如果你为某个产品管理团队提供了一个新特性或新功能方面的建议，第一个问题会是："你做了测试并使用数据了吗？"基于搜索引擎和其他应用，谷歌有通过与数百万用户交互得到的惊人的海量数据，所以没有借口不用数据来做决策。同样的措施也出现在第一资本金融公司、eBay 和其他高度以分析为导向的公司，它们都把测试和使用数据作为企业文化的关键组成部分。

随着时间的推移，这样的问题将不再被多次提及，因为它已经融入文化。如果公司高层不停地问这样的问题，那么其他员工也会问相同的问题。最终只有新员工，或者那些记性差的老员工，才会不经数据支持提出想法。尽管偶尔也允许员工这样表达"虽然没有数据支持我的观点，但无论如何，我认为还是应该对此加以考虑"。以分析为导向的公司会努力找到方法来检验或者收集数据来支撑几乎所有貌似合理的想法。

当然，"强制表达异议"也很重要。一些公司（英特尔公司是一个典型的例子）鼓励员工提出有支撑的不同观点，最好是有数据支持的。当然，不同意见也不是没有限制的，在英特尔公司，不同意见的提出应该保持到决策已经完成、参会者离开会议室为止。

高级管理者当然有责任建立表达异议的文化。迈克尔·罗伯托（Michael Roberto）是一位研究有效决策流程的教授，他描述道：

> 考虑到很多机构沟通的实际情况，坦率、冲突和争论很少出现在其决策过程中。管理者不乐于表达异议，对话很快趋同到某个具体方案，人们获得了虚假的一致。这样的结果就是，关键性的假设未经检验，创造性的备选方案没有浮出水面或没有得到足够多的关注。在所有这些情况下，问题来自决策过程的主导者，因为他们的言行阻碍了意见的充分交流。有权力的、受拥戴的、非常成功的领导者听到了太多的"是"，而当人们其实在说"不"的时候，他们会权当没听到。

文化的建立不只是要靠纠正错误的行为，还要靠赞美正确的行为。在以数据分析为导向的文化中，奖励运用数据分析解决了一个特别重要的问题时，也该提醒他人使用数据分析获得名声与实惠。鼓励与纠正同样重要。

使用数据分析支持其他企业文化

理想情况下，数据分析文化应该和企业其他重要的文化相结合。如果你的公司擅长新品开发（如宝洁公司），一个与之互补的数据分析能通过开发新产品度量指标，用以评估客户反应度和测量新产品的市场进展，这就是宝洁公司采用的数据分析方法。公司也可以使用数据分析来支持强大的工程师文化，空气化工产品公司（Air Products and Chemicals）就是其中一例；支持对严格财务绩效的关注，如万豪集团（Marriott）；或者支持对客户的强烈关注，如艾客行公司（Expedia INC.）旗下的hotels.com。

Hotels.com 不只支持客户浏览和预订房间，还支持阅读之前的评论，该网站有超过 100 万的客户评论。2006 年，公司的管理层决定改变其策略和文化。这个网站因预订旅馆低价策略而被人熟知，但当市场发生变化时，高管们希望把重心转移到客户服务和客户忠诚度上。

公司取消了改订和取消订单的费用；开发了每预订 10 晚就能免费住宿 1 晚的忠诚度项目；重新设计了网站，提高了网页搜索能力；雇用了乔伊·麦基鲍（Joe Megibow）作为他们客户体验和网络营销的副总裁。

Hotel.com 热衷于搜集并分析使用网页的数据，并且这些工作驱动了其网站的几乎所有事务。这是互联网公司的惯常做法。不过，麦基鲍和其他高管觉得，虽然网站活跃数字和财务报告都显示出业务出现了增长和销售额增长了，但它们不能反映最真实的客户体验。进一步的调查研究表明：这些数据掩盖了网站存在的一系列问题。通过结合一系列的网站分析，麦基鲍开展了"客户之声"项目，进而获得客户在网站上的真实体验。

这个项目使用软件记录呈现给用户的每个页面、用户的每个点击动作（不用担心，这些数据不会用来出售），从而发现客户在每一次会话中的任意时间出现的问题。该公司甚至将特定不同的电话号码（总计超过700个）动态展示在不同的网页上。因此，当用户拨打了特定的电话号码后，就能很容易地定位什么地方发生了问题。Hotel.com 运用这些方法来识别那些可能会被忽略的问题。

真正的转变源于早期的一次重大发现。麦基鲍发现有很大比例的客户一步步执行到了最后的付款步骤，但却没有完成交易。事实证明，信息的含混、用户使用流程问题、数据库问题和即时错误等问题的混合出现可能会导致大部分客户最后放弃交易，尽管他们本来就打算完成交易的。基于上述结果，Hotel.com 总经理启动了一个高优先级的项目，把所有相关团队聚在一起，用一种超越常规的速度开始工作。在几天内，所有问题都被解决了。这个改变不仅立刻带来了额外收益，而且向团队展示了当数据分析在全公司范围内协调运作时，可以对客户以及公司内部运作带来切实改进。这个跨部门的"网站转化"团队在接下来的两年几乎每周集中会面两次。到本书写作时，已经发现了数以百计的改善机会。

麦基鲍宣告，通过为更好的网站设计扫除障碍和提供洞见，Hotels.com 已经大幅度提升了转化率，即实际完成房间预定的网站用户比例升高了。公司还通过解决其网站问题而获得了"无数用户的青睐"。最终，他说，他们在向更加以客户为中心的文化转变中获得了成功。然而假若没有很强的数据分析作为支持，这将是不可能的。麦基鲍现在已经进入亿客行公司（Expedia）本部就职，正在尝试建立相同的运用数据分析发现和解决问题的文化。

重塑企业文化

某些企业文化可以帮助加强以数据分析为导向的文化。事实上，管理有序、界定清晰的企业将更加有助于引入以数据分析为导向的企业文化。

透明性这个特性可促进以数据分析为导向的企业文化的引入。可想而知，自由分享业务中的信息，有助于对这些信息的评估。正如沃伦·本尼斯 [①]、丹尼尔·戈尔曼（Daniel Goleman）等人在《透明》（*Transparency*）一书中所写：

> 一个公司竞争、解决问题、创新、面临挑战和实现目标的能力，
> 和信息在传递过程中不失真的程度极为相关。当所涉及的信息包含
> 很重要但却难以接受的事实，或当信息让领导抓狂时，尤其如此。
> 不难想象，下属们会有意淡化、篡改甚至忽略这些信息。对于在机

---

① 沃伦·本尼斯（Warren Bennis）被称为领导力之父，组织发展理论失驱，以关于领导艺术的著作而闻名，其经典四部曲《领导者》《成为领导者》《七个天才团队的故事》《经营梦想》已由湛庐文化策划，浙江人民出版社出版。——编者注

构内部自由流动的信息，相关方必须坦率直言，领导者也必须接纳

这种坦率。

在"信息流动"过程中分享文化对企业的数据分析文化来说特别重要。如果你不在意数据、数据分析以及它们改造一个企业的能力，你就不可能广泛传播它们。另一方面，数据分析导向的公司希望员工，甚至可能华尔街的分析师和股东都熟知它们的数据和分析，特别是当数字能够使其增光的情况下。

其他文化特性也可以促进数据分析文化的形成。例如，和透明文化相关的绩效薪酬文化，这种文化产生了对绩效指标的需求，并促使管理者和雇员们关注这些指标。类似地，一个笃信企业软硬件能力和流程管理的文化，会促进数据的产生，并对数据分析指出的运营问题做出响应。最后，明确沟通战略方向会更容易决定数据分析应当用在业务的哪些方面。

真正的以数据分析为导向的公司不是仅仅搜集数据并加以分析，而是还会用它来做出艰难决策，完成艰难的任务。它们不允许经验、行业惯例、怀旧之情或者其他挑剔之声形成阻碍。因此，一旦数据显示一些东西不管用了，就应当废弃之。

例如，以客户为导向公司需要把最好的客户和最坏的客户区别对待，并且"炒掉"那些使公司赔本儿的客户。类似地，数据分析导向的企业文化必须做出艰难决策，例如，停产那些不赚钱的产品，或者解雇没有生产力的员工。百事可乐公司非执行董事长巴里·贝拉查（Barry Beracha）是一位数据分析英雄，因为他运用数据清理了那些劣质客户和产品，从而在其公司引发了一场引人注目的变革。

发现障碍

数据分析导向的公司不会墨守成规。例如，我们曾经与一家消费品公司交流过，这家公司完成了很多数据分析工作，但并没有建立起数据分析文化。正如一位市场研究员解释的："我们购买了大量的消费者市场数据，对其进行追根究底。但问题是，我们没有据此做出任何改变。"他描述了营销组合投资分析显示何种市场营销计划最有效："我们虽然发现很多电视广告并非那么有效，但我认为我们完全没有进行削减。"他解释道，市场营销部门的领导者要么不相信数据分析，要么对分析结果暗含的意义感到不安。

类似地，一家试图推进数据分析的零售企业也遇到了文化障碍。该公司有成功的会员卡计划，能够产生大量数据，可用来对客户进行有针对性的促销。然而，由于市场营销部门是基于不同产品的品类进行划分，所以每个品类的管理者都只关注自己品类的利益，导致经常伤害到零售企业的总体业绩。商店有回馈消费者的资金池，但品类管理者都只想将其用在自己的领域，而不顾总体盈利情况。对组织架构和部门激励进行审慎的调整可以解决零售商目前各自为政的现状，可惜到目前为止这项工作还没有开始。

这个零售商的另一个问题是不合理地增加宣传单，这些宣传单随同星期日报纸一同发放。宣传单广告虽然一直都存在，但对于该零售商，几乎没有任何证据证明这是一种有效的市场营销工具。没人知道谁会读传单，或者传单影响了哪些消费者的消费行为。然而，尽管这些传单非常可能被用来垫鸟笼，公司广告部的主管仍然不断地把钱花在传单上。

这种商务活动中的惰性很普遍，数据分析文化可以最小化这种惯性，拥有这种文化的机构坚信数据和分析能够促成行动。如果有些行为不再有意义——尽管多年来一向如此，它们也会勇于停止做下去。简单地说，数据分析文化导向的机构会优先提高基于数据分析的决策的优先级，并承认其价值。

我们一起工作过的一个金融服务机构遇到过不同的障碍。这家公司曾经数次找我们来为其中层管理者做关于数据分析竞争力的报告，那些中层管理者总是看起来听懂了我们要传达的信息，但每次我们问"谁会把这些想法告诉鲍勃"时——鲍勃是公司的总裁，却没有一个人举手。

这家公司有一个统一的客户分析团队，但该团队没有与机构其他部门很好地协调，甚至和市场营销部门也不能协同工作。他们也做了一些数据分析的研究，但这些研究通常比较零碎，并且没有关联，所以无法获得客户的总体洞察。一个高级分析师这样描述这个问题：

> 我们认为，我们拥有数据分析导向的文化，但这方面做得有些过头。我们过高地估计了我们的数据分析能力。我们陷入了同质化的工作和方法之中。有时候，我们在某个领域研究得越深，就越难将分散的研究整合起来。我们从来没有获得过把所有信息联系到一起的力量。分析人员被视为专门的部门，而没有结合到业务中。实际上，管理者会说："感谢所提供的这些数据，希望它们能支持我的工作。"数据分析是黑匣子，数据分析团队也是黑匣子。我们的首席执行官不知道基于分析的决策蕴含的力量。大部分数据也没有敞开心扉去听这些他们预期之外或不相信的事情。我们建立了评估市

场营销有效性的完整框架，我们也完成了评估。但市场营销部门仍

然在做他们以前一直在做的事情。他们觉得自己的做法毫无问题，

但实际上，他们需要对自己的做法有一点儿怀疑。有能力和有能力

做事可是两码事。

尽管存在这些缺点，但该公司过去一直业绩良好。但由于后来的运

营困境，它已经裁减了数据分析团队的人手。目前，该公司把数据分析

视为一项特别的业务活动——对决策者来说是有用的，但不是必须的。

竞争优势的进化

当然，你不可能在机构的所有部门构建起数据分析导向的文化。几

个一定要建立的（或者首先要建立的）特定地方应该是：

◎ 拥有大量数据，但如今还没有被充分分析的部门。

◎ 对企业成功至关重要的部门。

◎ 由已经理解数据分析重要性的管理者领导的部门。

◎ 有幸拥有数据分析专业技能的人员的部门。

例如，分析网页数据和指标就是开始建立数据分析文化的好地方。

因为这里数据丰富，相关人员比较年轻并且懂技术，网页对于大部分机

构来说仍是一个日益重要的客户渠道。并且网页数据分析也是新技术，

对很多企业来说，网页分析还有很大的发展空间。

拥有数据分析文化可以提醒我们"在此处我们应如何做事"，包括基

于数据、事实和严密分析做出决策。到达这一步没有捷径，也并非易事，但是一旦你做到了，就具备了一个竞争优势。例如，前进保险公司知道，大部分竞争对手不可能在一夜之间就建立很强大的数据分析文化。某位高管在某次采访中说道：

> 我们从事数据分析已经很长时间了，它已经融入了我们的文化之中。一个没有数据分析文化的企业是很难改变的，所以你必须得说服基于直觉做重大决策的那些高管们。另外，我们有超强的潜力——高管们有很多不同领域的经验，并且他们更容易接受基于数据的决策在这些领域的应用。即使你建立了有大量分析人才的新部门，你也不能靠建立新部门来改变文化。

当然，尽管拥有很强的数据分析文化，诸如前进保险公司等公司的领导者从来没有满足于他们的成功。如果想要在竞争者中保持领先，他们必须引入新策略、新数据、新模型和新的数据分析技术。**未来的数据分析导向的公司会是那些在数据分析文化和数据分析能力中都能保持不断更新以及不断发展的公司。**

08

不断在变化中评估与修正

ANALYTICS AT WORK

想要成为分析型企业，或者想通过数据分析取得成功，绝非一朝一夕之功。通过数据分析取得成功的企业必须从自身的企业战略和商业模式出发，根据市场环境、竞争对手策略、客户行为及其期望的变化，持续性地自我评估和修正。当今世界处在快速的变化中，而数据分析模型也应随之进行不断的修正。本章中，我们将讨论如何让分析流程和模型能够与不断变化的业务环境同步。

2007—2009 年的金融危机很好地佐证了对分析方法持续改进的重要性。金融机构错失了多次检查并调整金融模型和模型假设的机会。当房价在 2006 年停止上升时，客户已不可能通过按揭转让的方式来清偿贷款，但银行仍旧继续发放次级贷款。对于银行来说，失误就在于没有经常性地审查分析模型并加以改进。

对于诸如金融服务等行业，有效的数据分析模型是成功的关键，因此企业就需要持续性地评估自己的分析模型、假设和管理框架。这绝非是普通的管理措施，而是与企业的生存紧密相关的。

以评估推动创新

对于分析工作的审查，尤为重要的是不能沉浸在过去的成功当中。只有永远保持一种警醒的状态，才能不断产生新的洞见，从而在竞争中领先一步（两步甚至三步）。前进保险公司是美国第三大汽车保险公司，该公司会不断审查其数据分析的工作方向，并据此给客户提出新的保险方案。在数据分析领域，前进保险公司是先行者，它在汽车保险业务中采取了很多创新性的分析方式，包括，识别高风险驾驶员、根据不同的风险级别差异化定价、将信用和行为记录作为对驾驶员评估的部分依据，以及将 MyRate 表单收集的驾驶行为数据（刹车和加速次数、里程数和驾驶时长等）作为制定保险费率的依据等。这些创新的结果是，前进保险公司获得了比其他对手更为迅速的成长。

但是，对于前进保险公司的创新，竞争对手们通常会在几年后跟进模仿。比如，Allstate 公司就从前进保险公司挖走了一位信用评分架构师以开展类似业务，最终将价格方案从原来的 3 个变为 400 个。2001 年的一项调查表明，92% 的财险和意外险公司在利用信用数据与其他财务标准来调整保险政策，而前进保险公司直到 1996 年才开始全面推行这类举措。在保险行业，对于创新的复制是相对容易的，因为保险公司必须将定价和运营细节向各州的保险监管局（state insurance commission）进行备案。虽然从所提供的文件里未必能获取数据分析模型的所有细节，但大概情况是可以有所了解的。

因此，前进保险公司必须不断地创新才能保证领先地位。根据该公司一位高管的看法，前进保险公司主要通过下列举措保证了创新的不断涌现：

◎ 浓厚的度量导向（measurement-oriented）的文化，度量一切可以度量的内容。

◎ 雇用并尽量留住具有数据分析意识并深入了解业务的人才。

◎ 任何创新都尽量以公司长期以来所拥有的大量数据为基础（该公司历史悠久，成立于 1937 年）。

最最重要的是，前进保险公司在分析方面的创新都与其他战略优势形成了互补。除了数据分析之外，该公司其他的战略优势包括：通过独立的代理商体系建立起业界领先的客户沟通能力、强势的品牌、高效便捷的理赔流程，并将互联网作为重要的客户接触渠道。在考虑数据分析方面的工作时，前进保险公司会评估这些工作对上述战略目标的影响。比如，将为客户提供比价信息（相对于其他竞争对手可能提供的价格）与通过互联网报价的能力结合起来。从一些公开的信息中我们还可以了解到，前进保险公司在数据分析的的广度和复杂度上都保持着领先地位。比如，一项调查表明，在针对某一特定市场的定价上，前进保险公司运用了超过 10 亿个不同的定价区间（变量数目乘以每个变量的取值数量），而在这方面最接近的竞争对手的定价区间数只是该公司的 1/10。

评估战略与商业模式

当数据分析用于支持特定的战略和商业模式时，需要对其作用进行不断的检验和调整。虽然数据分析可以用于优化战略，但如果战略本身已经过时，数据分析的价值也会失效。持续对业务进行监控，可以让企业适时地改变战略。在此，我们要讨论的两个企业是第一资本金融公司和美国航空公司，前者已经改变了战略和业务模型，而后者虽尚未行动，但应该也为时不远了。

如果你读过《数据分析竞争法》一书，或者之前在美国看过电视或收过邮件，那么应该听说过第一资本金融公司。该公司是将分析运用得最广泛深入、也最为成功的企业之一。第一资本金融公司最早是美国弗吉尼亚州 Signet 银行的信用卡部门，自从 1994 年脱离 Signet 银行至 2004 年间，其每股收益和净资产收益率每年的增长都超过 20% 以上。但是，在 2005 年，该公司的高管似乎意识到当前的主要业务（针对消费者的信用卡业务）已经无法独力维持如此高速的增长。为了不被其他银行收购并确保低成本的存款来源，第一资本金融公司急需壮大规模并让业务多样化。基于这个目的，该银行收购了路易斯安那的 Hibernia 银行、纽约的 North Fork 银行和弗吉尼亚的 Chevy Chase 银行。

完成了这些收购之后，第一资本金融公司将其"基于数据的战略"运用到新业务当中去。基于多样化的业务环境，管理者开始思考对于数据源、模型和假设的新需求。该银行一位员工是这样描述的："通过直邮信件的方式进行随机实验能更方便地获得信息，要比以前通过网点员工获得信息容易得多。"我们相信在当前的商业环境中，像第一资本金融公司这样勇于创新的企业终将成为在数据分析方面颇有建树的企业。不过，不应该指望罗马在一夜之间建成。

早期在数据分析竞争方面的另一个例子是美国航空公司，在通过分析取得成功方面，该公司几乎早于其他所有企业。早在 1985 年，美国航空公司就开始运用数据分析来进行收益管理和定价优化。美国航空公司的这些举措直接导致了一些刚崛起的竞争对手如美国人民捷运航空公司（People Express）等惨淡出局。根据运筹学和管理学研究协会（INFORMS）的报告，美国航空公司的收益管理系统在 3 年时间内为其带来了 14 亿美元的收益。不过，如今几乎所有的航空公司都具备了相似的能力，有些公司是从为美国航空公司服务的咨询团队处学习到的，因此定价方面的优化已经无法继续作为竞争优势的组成部分了。

美国航空公司还将分析用于航线规划和机组调度的优化。该公司拥有由超过 250 个机场、12 种机型和每天 3 400 次航班组成的辐射状航线网络，管理如此复杂的系统必须依赖于数据分析工具。然而，很难说美国航空公司的优化工作起到了多大作用，因为无论美国航空公司或者美国其他采用复杂分析工具的航空公司都未能保持连续多年的高利润。

美国西南航空公司（Southwest Airlines）则另辟蹊径，它构建了简单得多的航线系统：只有一种机型，而且没有自己的航空枢纽。该公司同样将数据分析用在了定价和运营上，只不过其模型优化起来相对简单很多。最重要的一点是，西南航空公司已经连续盈利近 40 年，而且其市值已经多次超过美国其他航空公司的总市值。这强有力地证明，美国航空公司和其他同样拥有复杂航线系统的航空公司都需要简化自身的商业模式。

重新评估数据分析的目标

在第 4 章，我们曾经论述了数据分析目标的重要性，并且认为其应该由企业战略和商业模式来决定。如果这两方面有了变化，那么数据分析的目标也应该相应做出改变。不过，这是必然会发生的，正如这个世界总是在不停地变化一样，以一家全球性的零售金融企业为例，当其分析团队的主管与位于英国的企业内部客户交流之后，分析目标变得明确起来。"我们非常感激你们开发的抵押贷款模型，"该主管被告知，"但是，这些模型都是错误的，模型应该更加保守。"随后的谈话马上涉及数据分析的目标："另外，你们应该聚焦到风险管理上面，包括信用风险、资产管理风险和企业风险等。"

在与我们的交谈中，这位主管认为，将数据分析工作完全由信用评估转入风险分析也不是明智之举。金融机构需要在风险和机会之间达成平衡。但是，可以肯定的是，该团队已经在风险分析方面投入了更多精力。

回到零售业上，过去，部分零售企业会基于忠诚度计划和客户智能（customer intelligence）来制定分析工作的战略，其目的是促使现有客户尽可能多地购物。但随着 2008 年经济衰退的来临，有些零售商开始把分析目标转到成本和营销的优化上。比如，某家企业正致力于营销组合的优化。该公司一位高层表示："我们正在尝试与更有针对性的促销活动做比较，通行的广告传单的做法是否有效。"另一家企业过往主要通过发送商品目录来吸引客户。现在，该企业只向那些在过去两年里有所响应、并贡献了一定利润的客户邮寄商品目录。而且，商品目录也进行了优化，对于优质客户，其收到的目录内容更为丰富多样。虽然这些举措方法是对现有的忠诚度较高的客户邮寄了更多的垃圾邮件。然而，总体而言，营销组合优化和定制化邮件的举措都能切实地大幅降低营销预算。另一家零售商则是希望通过减少退货来提升利润。在识别优质客户之外，这家公司还开始识别了"退货常客"（Serial Returners），也就是那些过于频繁地退货的客户，据此公司削减了对这部分客户的广告发放。这家公司还保留了销售团队，以此确保客户在购买前能够对接下来的消费感到满意。

评估竞争对手

同样，你也有必要持续评估竞争对手的数据分析工作，并将你自己的工作与之对比。你可能会认为自己处于领先地位，但别忘了对手同样能奋起直追，尤其是当大家使用同样的数据源时。另一方面，竞争对手所采用的分析方法也有值得借鉴之处。当然，如果想通过数据分析而获得某种竞争优势，仅仅靠模仿对手是不够的。

系统性地评估对手是获得最大收益的有效途径。图 8-1 是某家公司在医疗领域所进行的竞争分析。

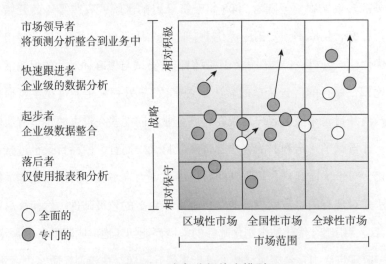

图 8-1　竞争分析能力模型

图 8-1 中的气泡代表各个竞争对手的当前市场定位和市场战略，箭头代表了对手未来的发展方向。不同的阴影代表不同的企业类型。对于各个市场和产品线，该框架对企业中涉及数据分析的投资和战略目标进行了评估。根据研究结果，基于数据分析的使用程度医疗健康行业的企业企业可以分为以下 4 类（其他行业可能有所不同）：

落后者：仅使用报表和分析。除了传统的数据报表之外，这类企业对于数据分析的兴趣有限。在缺乏循证医学（evidence-based medicine）获得广泛运用的证据之前，企业是不会在数据分析上进行投入的。当然，在商业智能产品、工具和项目等方面，这类企业可能会进行一些探索，在我们看来，这些企业可能未必能存活到探索工作见效的那天。

起步者：在企业级别整合数据。这类企业知道不足的分析能力会带来市场份额下降和逆向选择的风险。它们确实对 IT 和人力进行了投入，以此满足内部的分析工作需求。这些企业也升级改造了它们的信息系统和 IT 应用，以作为提升数据分析能力的基础。

快速跟随者：在企业级别整合数据分析。这类公司将商务智能和信息学看作企业竞争力的组成部分，并且认为数据分析确实是行业变革的推动力之一。在数据分析能力的构建上，毫不吝啬地进行投入。

市场领导者：将预测性分析整合到业务流程中。这类企业把数据分析视为推动企业发展的引擎，进行重点的投入。在信息资产和竞争力的建设上采取非常积极的策略。极其重视独有的重要数据的获取。企业高层致力于通过预测分析来推动企业的转型。这类企业会不断推出基于数据分析的产品和服务，以此拉开和竞争对手的距离。

我们并非一味鼓吹这一方面的"间谍行为"，但通过数据分析方面的竞争情报分析以获得竞争对手数据分析项目及其能力方面的最新进展情况，并不是什么难事。你可以和行业顾问或者学术界进行交流，面试并雇用竞争对手公司的数据分析人才，研究对手的岗位招聘说明以及参加相关会议等。当然，你还可以观察竞争对手在市场上的表现。开句玩笑，如果这些都不行，那就买个高倍望远镜吧。

这方面最具说服力的案例是奥克兰运动家队的转型故事，在迈克尔·刘易斯（Michael Lewis）的《点球成金》（*Moneyball*）一书中描述了这个故事。该队在挑选球员时，不再像过去一样依靠那些相对抽象的特征，而是根据球员以往的实际表现来进行判断。在棒球界，该队最早使用了上垒率（on-base percentage）这个评估标准，其中包括了自由上垒（walk）和安打（hit）两项指标。而在这之前的主要指标是击球率（batting average），以及只包括了安打的指标。当然，对其他球队来说，发现奥克兰运动家队的秘密并非难事。如果他们不能通过对奥克兰运动家队的"选秀"中得知这些秘密，至少也可以买一本畅销书《点球成金》来读读。如今，我们从棒球界人士那了解到，上垒率这个指标在评估球员的过程中已经被过度使用了。正如两位经济学家对此进行研究之后所说："我们的检验从计量经济学的角度证明了刘易斯的看法，即棒球人力市场对于球员击打能力存在着错误定价。同样地，有证据表面，统计学知识在棒球界的普及减轻了棒球界的价格错位。"

那么，对棒球队来说到底应该怎么做呢？对此，只有一个答案：不断进行数据分析方面的创新。比如，波士顿红袜队（Boston Red Sox，简称 BOS）就雇用了一名如同棒球数据统计之父比尔·詹姆斯（Bill James）一样的棒球统计学家，用多种方法分析球员和球队的表现（对于具体细节，这名员工守口如瓶）。所以，企业也需要基于自身战略和商业模式进行持续的创新。

除了评估如何通过数据分析来与对手竞争之外，也要思考彼此间合作能带来的益处。对于医疗保险行业来说，合作是非常有益的。比如，全美 19 家加盟蓝十字和蓝盾协会组织的机构联合起来共同推进名为蓝色健康情报（Blue Health Intelligence，简称 BHI）的项目。该计划收集了 7 900 万客户的理赔数据，并进行匿名化处理。此外，数据库中还加入了医疗健康服务提供商和制药行业的数据。如此大规模的数据库不仅可以对各州和各地区之间的各种方案进行分析比对，还可以对美国全境的人口进行分析。比如，BHI 的工作人员就正在研究儿童糖尿病患者并尝试预测相应的住院率，还在研究脊柱外科手术是否真能减轻患者的背痛情况等。只有通过行业内的联合协作，BHI 才能有足够的数据来开展这些分析。

对客户和合作伙伴进行评估

客户及其偏好是不断变化的，任何基于客户机会、风险或行为而构建的模型都需要不断修正。以奈飞公司为例，该公司的很多客户行为模型都是在 21 世纪初刚成立时构建的，面对的是第一批在线观看电影的客户。而如今，奈飞公司的分析师开始思考主要客户群是否已经不同于 2000 年时的情况。毫无疑问，主要客户群体已经从勇于尝鲜者变成了普罗大众，因此分析师也开始着手更新模型。否则，旧模型会与当前主要客户的数据不匹配。

加拿大的一家大型银行对客户有一个固有的调研机制，以此了解其提供个人信息并与银行保持联系的意愿。这家银行基于客户的联系人来调整所提供的业务内容，比如为优质客户以及其亲属和合作伙伴都提供个性化的定价。通过"事件触发"机制（比如存款数），该银行可以预测客户何时会愿意与银行进行交互。客户信息经理每年都会核查几次有多大比例的客户拒绝银行与之联系。幸运的是，这个比例在很多年中都一直维持在 5% 左右，这可能是加拿大人友好的天性所致。这家银行还从外部的数据提供商处购买了潜在的客户名单，但发现其中 50% 的人就是那些拒绝与之联系的客户。因此，该银行正在考虑不再从外部购买名单。

企业也应当经常性地评估其"数据分析生态系统"，以检查他们是否在和正确的合作伙伴进行合作。以零售业为例，企业可以自行构建自己的数据分析能力，同样也可以从外部获取资源作为补充，可能包括如尼尔森市场调研公司（Nielsen）和 Information Resources 之类的数据提供商、如 Catalina 之类的实时分析厂商、消费类商品提供商、国内或海外的咨询服务商以及数据分析软硬件提供商等。如果出于某种原因内部资源无法胜任时，不要忘了企业外部可能有大量的资源。

评估技术、数据和信息

至少每年一次，你应该评估可能影响企业未来的新技术和信息。比如，对于零售和物流行业来说，当 RFID（Radio Frequency Identification,

射频识别）和 EPC（Electronic Product Code，产品电子编码）逐渐普及时，企业可能都将会积累大量数据。几年前，业界曾普遍预测这些技术的成本会在几年内降到可以接受的范围内，沃尔玛在 2005 年要求部门供应商使用 RFID 芯片以作为测试，随后又撤销了这一要求。尽管如此，RFID 和 EPC 等技术最终的实用化似乎已成定局。

对于希望通过供应链分析来构筑竞争优势的企业，应该考虑如何利用现有全部数据来进行决策，以及如何让系统和流程从数据分析中受益。一旦产品有了惟一的标识标志，就易于获知货架上有什么商品，因此也就更易于构建需求预测、补货模型和物流优化模型。也许，现在还不需要关注所有的技术细节，但至少应该提前进行准备。

类似地，那些大量产生、配给和消耗电能的行业将很快从能源管理相关的海量数据中获益。在未来的智能电网中，使用和测量能源的设备可以把自身的能耗情况广播出去，由集中式的系统进行统一的监控和管理。而配送设备不但可以提供能耗信息，还可以提供成本和碳排放的数据。对于能耗在企业中的合理使用和分配，都需要通过数据分析来促成相关的决策。任何一个能源行业的从业人员现在都应该开始思考如何分析和利用这些新数据。

另外还有一些行业已经具备了处理海量数据的相关技术，但它们仅仅局限在某些部分或环节上。不过，随着技术的普及，数据分析的应用空间日益广阔。以医疗健康行业为例，如果美国的从业者可以实现电子病历数据的标准化，将会有大量数据可供分析。在充分分析的基础上，医疗服务的卖方和买方就能对治疗方法的有效性有更深入的了解，并且判断哪些患者可以从疾病管理的手段中受益。一些领先的企业或机构已经开始了这方面的分析，其他从业者也应该开始进行相应的规划。

简而言之，随着来自互联网和数据提供商处的新数据不断涌现，你应该重新定位分析型决策在未来的角色。擅长数据分析的公司不会总是被动地应对问题和机遇，它们会展望未来并未雨绸缪。

评估和管理模型

模型管理是系统性地创建、监控和部署分析模型的流程，可以帮助企业持续审查数据分析的使用情况以及分析模型和外界的交互情况。评估和管理模型主要基于如下考虑：

◎ 了解现在有哪些模型，正在使用什么数据，构建在哪些假设上，由谁以及如何创建的。当需要找到或修改模型时，事情就会变得容易很多。

◎ 跟踪所有备选的模型可以让你知道最后的获选者（在模型的开发过程中，会同时有多个候选者，而最终只有一个获胜者）。

◎ 与代码版本管理一样，跟踪模型的多个版本是非常重要的。

◎ 对于特定的模型，持续的检查可以了解其工作的效果，并在发生"模型退化"（model decay）时提醒分析师。当外部世界发生变化时，比如当按揭人已经无法偿还贷款时，模型退化分析就将建议信用授权模型及模型所基于的假设需要做出调整。

◎ 比如银行业等某些行业有特定的监管需求，要求对模型有一定程度的管理（尽管这种要求似乎在预防经济危机方面显得无能为力）。

除了上述几点之外，有效的模型管理绝非仅局限于监管和内部文档控制的范畴，更是企业竞争优势的组成部分。将模型和账户、交易、产品、业务线和风险的评估结合起来，能够优化业务决策。而且，进一步引入会计评价（accounting valuation）模型可以更深入地了解公司业绩，减少噪声和大量变量带来的影响。以第一资本金融公司为例，除满足美国联邦政府的监管要求之外，该公司专门构建了一套系统来跟踪和记录所有的分析模型。他们意识到内部模型和数据分析的协调可以更好地刻画客户行为，最终影响到所有的业务并提升公司业绩。另外一些大型银行比如花旗集团（Citigroup）、美国道富银行（State Street）和摩根大通集团（JPMorgan Chase）等，都已认识到数据分析模型的价值，创建了集中式模型库，组建专家团队来支持业务并确保模型得到切实地应用。这类团队通常隶属于风险管理部门，致力于模型的验证。

随着企业逐渐倚重分析模型，我们相信越来越多的人会认识到模型管理的重要性。对越来越多的企业而言，分析模型就是金矿、油田和金库。因此，跟踪模型并了解其运作状况已经成了普遍的共识。

数据分析领导者、在数据分析方面领先的企业或管理者都已认识到，业务环境处在快速的变化之中，数据分析策略应该随之发生改变，否则就无法取得成功。在诸如银行业和棒球运动这类数据分析已经得到广泛运用的领域，不断评估是保持领先的惟一途径，可以有效地防止自满和停滞不前。

09

应对 4 大挑战，破除数据化转型的障碍

ANALYTICS AT WORK

2006 年，澳洲最大的可持续金融服务提供者 Credit Corp 的首席运营官肖恩·凯特（Shawn Ket）开始将工作重心放在数据分析上。该公司位于悉尼，主要从事收购并管理债权的业务。在 2003—2008 年间，Credit Corp 发展迅速，每年的收入增长都在 60% 以上。凯特组建了专门的数据分析团队，利用澳大利亚最大的不良债权数据库来提供定价、客户收购和潜在客户挖掘等方面的服务。该团队还负责分析债务管理的工作流，处理全公司上下大量的即席查询请求。团队主管朱莉·巴斯奇（Jolie Baasch）这样描述公司向数据分析导向的公司的快速转型："6～8 个月之前，所有的决策似乎都还是靠直觉做出的。现在，数据决定了一切。"但是，需求的快速增长超出了这一 8 人团队的能力范畴。接下来该如何应对呢？

在数据分析需求爆炸式增长的时代，构建数据分析能力，我们将面临至少 4 个挑战，人才的稀缺只是其一，我们将在本章对其进行讨论：

◎ 为数据分析项目寻找最初的切入点；

◎ 当高层开始重视时，组织并管理数据分析所需的资源；

◎ 当数据分析工作开始起步后，致力于数据分析能力的提升和扩展；

◎ 向数据分析导向的企业迈进。

在本书第一部分，我们讨论了如何通过能力建设让重要的数据分析应用落地。在本章中，我们将更多从供需的角度来进行探讨。比如，如何引起业务端对数据分析的兴趣？如何满足这些兴趣？如何推动数据分析在整个企业中健康有序地发展？

寻找最初的切入点

如何学会通过数据分析来提升公司业绩，这里没有精确的科学方法可以参照。稍显讽刺的是，还不能用数据分析的方法为分析项目寻找机会。所以，你必须找到能够激发人们兴趣的钥匙，必须发现什么能够打动高层管理者，必须指导如何将数据分析运用于解决业务问题和创造业务机会上。除了准备好 DELTA 模型的各个要素以外，你还需要找到合适的切入点。下面就是三个通用的场景描述：

◎ **有一个定义明确的业务问题，但存在业绩短板，或者明显存在使用数据分析进行业务改善的机会**。这时，目标可能是清晰的，但如果问题的主导权在部门管理者手中，则他们可能动机不足。如果数据分析项目是跨部门的，那么你便需要设法提升支持力度。因此，首先要关注领导力的问题，征得同意之后再着手让 DELTA 模型各要素就位。

◎ 高层的关键人物认识到，之前忽略了很多与业务流程相关的极具价值潜力的数据（比如销售终端数据、赔付历史，员工体验等）。在这种场景下，你需要让至少部分高管理解数据对于流程提升的潜力，认识到对数据的充分利用所能带来的商业价值。要注意，确保数据切实可用，工作目标也是具体而清晰的。

◎ 高管意识到一个战略发展机会对企业业绩和未来成长来说非常重要，而利用这个机会需要依赖于数据分析。开始时，这可能只是一种直觉，仿佛还不足以成为真正的切入点。然而，任何拖延都可能会打消管理层的信心，带来负面的影响。拖延往往来自对问题缺乏明确的定义，或 DELTA 模型中其他元素的缺失（比如数据和分析人才）。因此，有三点要注意：对当前具备的条件有清醒的认识、对于高管的预期加以管理以及对成功充满信心和渴望。

在以上三种场景中，都有着具体的目标和应用领域，而不是一开始就在整个企业全面推进数据分析工作。即便你的 CEO 或者 COO 非常热衷于数据，期望在整个企业中推动数据分析工作，但你需要做的仍旧是一次瞄准一个具体的目标，循序渐进。最关键的人物其实是和业务问题或业务机会直接相关的管理层。另外，你可能需要在不同时间、不同部门以不同方式找到切入点。可见，这不是一项毕其功于一役的工作。

表 9-1 总结了上述三种场景。虽然你所面对的情况可能会有所不同，但基本上应该都是上述三种场景的变体。最关键的是，不仅要让 DELTA 模型的要素完备，还要考虑数据分析如何在企业中生根发芽。

表 9-1	数据分析的三大切入点	
找到数据分析的切入点		
场景	面临的状况	感兴趣的人
有具体问题或提升机会	也许是因为要回应竞争对手的缘故而需要提升业绩； 需要降低成本、提升资产利用率或者改变成本结构； 需要激励创新或加快市场反应速度。	中高层管理者。相对于投入方面的决策，他们更易于确定具体的目标。
有大量数据	拥有大量可利用的数据，但还未充分挖掘分析； 与其他资产（比如分析师和技术等）结合使用。	CIO 通常是最早发现数据潜力的人，如果高层管理者中有热衷于数据的则更好。
有战略发展机会	决定从新的角度切入，解决之前没人解决过的问题，在某些重要方面做到最好； 为了抓住发展机遇，决定进行投资。	最高层的管理者，尤其是所需资源还未就绪时可以对各方面施加压力。

组织并管理数据分析所需的资源

当高层管理者开始认识到数据分析的意义，从企业整体视角去梳理资源和应用时，你应该启动对企业分析能力的正式评估，创立相应的管理体系，同时还要制定针对数据分析的整体战略。DELTA 模型提供了评估分析能力的通用方法，但在组织建设和战略制定上，则需要与公司具体的情况相结合。医疗健康保险服务商哈门那公司（Humama）在这方面提供了榜样。

自 2001 年以来，哈门那公司从一家地区性的公司成长为全美最大的医疗保险企业之一，为超过 1 800 万客户提供健康计划和处方药。与此同时，市场环境也在急剧变化，推动整个行业向更加基于分析的管理模式转变。循证医学以统计为基础，提供成本 – 效益更优的诊疗方法，帮助病人恢复健康。信息学（Informatics，医疗健康行业对基于数据分析的方法的统称）在此期间成了哈门那公司的核心能力所在，使之更好地服务客户并有效地控制成本。

作为企业数据库的早期运用者，哈门那公司当时同样面临着一些常见的问题，比如业务和 IT 之间的脱节，以及数据管控政策的缺失。此外，不同部门之间的藩篱让数据利用和数据库的升级维护也颇具难度。

吉米·默里（Jim Murray）是哈门那公司的 COO，他强调用整体思维来"打破隔离，让整个企业内的信息流是可信、一致和准确的"。为此，哈门那公司设立了一个新职位——负责整合数据分析的副总裁，来领导所有的数据分析工作。经验丰富的保险精算顾问丽莎·图维尔（Lisa Tourville）应邀担任了这个关键的职位。

图维尔深知领导力的重要性。为此，他设立了一个由业务部门和 IT 部门高层管理者组成的团队来制定整体的数据分析战略，这些工作被统称为"商务智能和信息学"（business intelligence and informatics）。该团队包括首席运营官吉姆·默里、首席财务官吉姆·布隆姆（Jim Bloem）、首席财务官史蒂夫·麦卡利（Bteve McCulley）、首席技术官布莱恩·勒克莱（Brian LeClaire）和首席服务和信息官布鲁斯·古德曼（Bruce Goodman）。团队目标非常宏大：从组织、流程和系统等方面，评估企业是否已经为向数据分析型企业转型做好准备；制定业界领先的分析战略；将数据分析与企业战略相结合；提升当前分析方面的投资回报率。

在高层管理者的支持下，该团队得出的结论是：哈门那公司需要建立一个能力中心，通过一个企业级的团队全权构建和维护数据库，将当前形同散沙一般的各业务单元有机地联合起来。该中心还将主导整个企业的商务智能分析。设立专门的执行委员会监督中心的工作，确保数据分析工作与哈门那公司整体战略相一致。

为了建设分析能力并为向数据分析型企业的迈进打下基础，图维尔及其团队制定了相应的路线图。第一，对当前的数据和 IT 所能提供的支持能力进行评估，并且帮助业务部门更清晰地描述自身对于新数据和数据分析的需求。第二，从全局的角度梳理包括人力、技术和运维等方面各类投入的优先级。第三，从行业角度切入，描绘数据分析的应用前景。第四，确保管理者认识到自己身为探索工作的领导者这一角色的重要性。最后，针对寻找、培养和激励分析类人才的举措提出建议。

基于上述评估和规划的工作，为了实现未来向数据分析型企业的转型，哈门那公司对于人力、技术、运营等方面存在的挑战有了深刻的认识。随着在数据分析方面的日益成熟，哈门那公司的发展和盈利能力更为健康，能够更好地开发并管理领先的产品和服务，构建企业内外的互信关系，让客户更加了解如何保证健康并且花费合理。

如何应对数据分析能力的供不应求

现在，我们再回过头来看 Credit Corp 的例子。该公司面临着一种很常见的困境，即对于分析的需求突然爆发，超出了分析师团队的应对能力。这通常是由于各个业务部门突然意识到数据分析的巨大潜力而造成的。由于很少有公司会在数据分析能力的建设上进行超前投入，尤其是在经济低迷时期，因此很难完全满足突增的需求。鉴于此，你所能做的就是提前让各种资源，尤其是数据资源，尽可能地就位，以应对可能出现的情况。记住，应对这些局面没有一招制敌的灵丹妙药。

Credit Corp 的巴斯奇及其分析师团队通过多种方法来面对日益增长的需求。通过课程培训和提供决策所需的信息，分析师们鼓励一线员工尽可能自己完成力所能及的分析工作。在某些情况下，分析师能够识别出业务驱动因素，之后由用户使用应用程序监测各个关键驱动因素的变化情况。分析师也能构建可重用的用于生产系统的应用，以此节约劳动。不过，最能解决数据分析能力供需匹配的手段还是从企业战略出发对需求进行管理及优先级的排定。因此，巴斯奇定期会和 COO 以及企业服务主管会谈，明确公司当前的工作重点。在具体启动一个项目之前，分析师也会预判解决问题所需的时间，并且同内部客户一起商讨工作的优先级和时间安排。

供需的不平衡似乎是突然出现的，但实际上，这是多种深层次的因素长期累积的结果：

◎ 分析师，尤其是那些被称为分析专家的人才，是非常稀缺的，给寻找、招聘以及挽留这类人才带来了困难。

◎ 一旦业务端尝到了数据分析的甜头，或者某项应用取得了巨大的成功，相关需求就会呈现爆发式增长的态势。有时，需求是因为数据

量或质量的不足而被压制，如果数据问题得以解决（正如 Credit
Corp 的例子），需求就会得到释放。

◎ 资源投放到了错误的地方，从而错过了将数据分析运用于业务的机
会。这种情况时常会发生，可能是由于业务机会和优先级还不够明
朗，可能是由于分析师被困在部门的藩篱内而无法将工作和企业战
略相结合，也可能是由于分析师把太多时间花在了报表（分析爱好
应该能独立完成这些工作）而非模型上。

如果供给超过了需求，那么该怎么办呢？与大学本科经济学入门课
程中所说的不一样，这里的答案不是“降低价格”。正如 Credit Corp 所做
的，该公司通过一系列举措来增加供给，并尽力保证供给和需求协调一
致。图 9-1 刻画了对于数据分析的需求大于供给的情况，其中可以看到
只有部分需求具有较高的商业价值。带数字的箭头表示了三种让需求和
供给更加协调的可能方法：增加分析师数量，对需求水平进行管理，以
及提升需求的质量。

为了增加分析师和分析服务的供给，企业可以：

◎ 雇用更多的分析师（虽然抢夺顶级人才的竞争异常激烈）。

◎ 将特定的数据分析项目和服务外包出去。

◎ 改进分析师的工作方法，从而提升生产率，比如注意对模板和模型
的复用。

◎ 提升数据和技术的基础架构，让项目的实施更具效率。

◎ 与具有共同兴趣的业务改善团队（比如六西格玛或业务流程改造团队等）合作。这些团队的工作性质比较偏向数据分析，而且通常是跨部门的。通过合作可以扩展自身的能力，更加聚焦在高价值的公司级项目上。

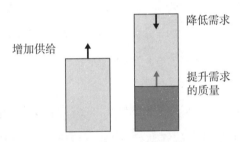

降低需求

增加供给

提升需求
的质量

图 9-1　数据分析需求大于供给时的协调方法

需求管理对于任何服务型组织来说都是非常重要的。诚然，我们不能扼杀业务部门的数据分析需求，但我们确实应想法设法减轻分析师身上的压力，尤其是当很多工作可以通过其他途径来完成时。在需求管理方面，企业可以：

◎ 对数据分析爱好者进行培训，让他们可以自己完成简单的分析和报告。

◎ 从企业全局的角度对项目进行评估和分级，通过如设立项目管理办公室等举措控制与减少低价值需求的数量。

◎ 通过协商与规划，教育数据分析的使用者如何更好地利用数据分析，从而有效地管理需求。

◎ 与数据分析的使用者协商，使之认识到什么是"足够的信息"，即为了使数据分析的结果可用，数据的总量和准确性达到何种程度就可以了。

在提升需求质量方面，企业可以：

◎ 指导企业管理层，使其明白如何才能最大化地发挥数据分析的价值，使之明白如何有效地提出需求，以及数据分析能力的限度。

◎ 从企业整体角度对数据分析项目进行评估和分级。

◎ 使用投资组合管理的方式进行数据分析项目的管理，持续评估每个项目及项目组合的进展及价值。

◎ 就数据分析的需求质量及其产生的商业价值定期与使用者进行沟通。

◎ 主动向高价值的数据分析推荐应用机会。

如同 Credit Corp 一样，很多公司同时采用了其中的多种方法。具体采用何种方式基于多种考虑，包括企业和业务部门在数据分析方面的经历、方向以及资金限制等。当业务部门对数据分析日益熟悉时，分析团队的领导者就要特别注意对业务需求的管理，以此保证分析师能将主要精力放在具有战略意义和较高价值的工作上。以下是相关的三个案例介绍。

某酒店餐饮类企业最初在将复杂的数据分析手段用于客户运营及收入管理领域。而后，其他业务单元开始注意到数据分析的重要性，并增加了对于数据分析的需求。当时分析师分散在各个地方，疲于应付各种需求。为此，该公司主要通过三个举措来缓解供需矛盾：一是对数据和基础架构加大投入，为不断增长的应用提供更好的平台；二是开发模板模型（template models），促进相似的应用快速使用；三是建立非正式的知识中心，促进各个业务领域分析师之间的相互交流和知识分享。

某能源企业在诸如客户服务等重要领域已经领先于竞争对手，进而想利用数据分析来巩固自己的领先地位。但是，其分析师资源大多投入到了如费率计算和合规检验等常规的、耗时的工作中。该公司分析团队的领导者和公司战略副总裁一起协商，将构建具有竞争力的数据分析应用放到优先位置。他们把项目分为三类：重要且形成竞争力的、常规且在开展中的以及临时的。然后，从全局角度来管理各类项目在所有项目中的占比。除此之外，该团队还积极与业务人员交流，就信息是否充足以及项目关键属性（功能、时间、成本）进行协商。

某消费类公司成功地将数据分析运用到供应链管理上，同时还在盈利分析方面开始发力。随之而来的就是整个企业对数据分析的需求急速上升。分析师们已经把太多时间花在报表而非模型上（很不幸，对于报表的需求是永无止境的）。对此，该公司的应对是提升数据分析爱好者的能力，为其快速部署数据库，实现常用分析和报表的自动化生成。分析师团队还与六西格玛及其他团队合作，让分析师有更多机会参与到高优先级和高价值的项目中。

向数据分析型企业迈进

百思买集团是位列《财富》全球 100 强的消费电子类零售巨头。自从 1997 年开始，该公司就将数据分析看作企业发展和竞争力的核心。当时百思买集团启动了一个名为"科学零售"（scientific retailing）的项目，直接改善了其财务状况。2004 年，当前任首席执行官布拉德·安德森（Brad Anderson）开始用"以客户为中心"（customer centricity）的理念来推动公司发展时，管理者意识到应该对数据分析的角色进行重新定位。到 2006 年时，安德森和其他高管都已认识到，公司未来发展的关键在于构建全局的分析能力。他们的目标是让数据和决策直达一线店面，即最接近客户的地方。

就公司全局来看，客户细分和数据库构建是最急迫的两件事情。虽然拥有关于客户和客户行为的高质量数据，但对于这些数据的理解还不够。而且，这些数据从未被系统地用于基于事实的决策，尤其是在店面一级更是如此。正如百思买集团零售渠道执行副总裁莎丽·巴拉德（Shari Ballard）所说：

> 我们要为每个片区、区域和门店团队提供相应的工具，使之可以回答下面这些问题：今天进店客流有多少？今天对店内客户的销售效率如何？成交率如何？客户满意度如何？自身业务涉及了哪些细分市场，所占的份额是多少？在工具方面，我们进行了专门的投入，以此让业务人员知道该关注哪些方面，同时获知哪些因素的些许变动可以带来巨大的收益。

为此，百思买集团专门组建了一支由业务和技术专家组成的团队，重新梳理了数据分析的部署、使用和集成情况，进而优化决策并产生收益。这个项目由负责财务规划与分析的前副总裁马克·戈登（Marc Gordon）领导，这使得数据分析项目一方面能够具有专业能力，另一方面能够获得高层的关注，以顺利推进。

该团队的目标被浓缩为一句口号，后来这句口号被整个公司接受："敢想，敢做，敢成功"。他们从企业绩效管理能力入手，梳理并定义相应的度量标准，构建用于组织和分析业务流程、度量和系统的框架，以此识别提升绩效的方法。最终，门店和职能团队第一次获得了对客户的可付诸实践的洞察，并将基于事实的决策融入日常的业务中。除此之外，这也将有助于在整个企业内形成一种全新的数据分析文化氛围，使总部对于数据分析的战略得到传播、获得活力。

团队的下一个挑战是与来自各业务部门的代表一起定义度量指标。和传统的方式不同，为了更好地体现公司"以客户为中心"的理念，团队决定从下面三个关键问题出发：发生了什么？为什么发生？将要发生什么？

在找到最有价值的指标之后，该团队开始将其整合到一个闭环流程中（如图9-2所示），以此构建和测试新的数据分析能力并将其整合到企业运作的各个环节。当然，百思买集团也知道，这个流程的成熟还需时日。

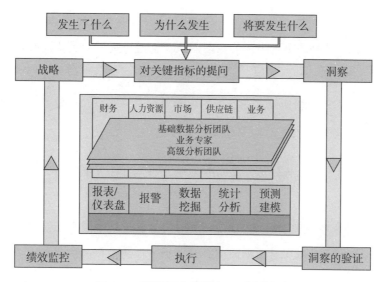

图 9-2　百思买集团的闭环分析模型

　　虽然团队早就开始收集数据并形成报表，但数据分析并没有在企业内部获得普遍的信任。即便对于新的度量指标，员工都会持保留态度，遑论基于新的数据分析进行商业决策。虽然达成共识可能会拖延将数据分析整合到工作流程中的进度，但最终将有助于在所有部门和店面中形成重视数据分析的文化。

　　为了使数据分析获得成功，该团队还开发了一种新的记分卡和报表工具，让业务人员可以获得新的数据和客户洞察，从而推动基于数据分析的决策。此外，针对销售人员也设立了相应的培训课程，让他们学习如何分辨不同类型的客户并为之提供相应的服务，学习如何基于每天获得的数据采取行动。

　　下一步，他们就要把公司建设为数据分析导向的企业。在意识到店面管理者需要在高级或专门化的分析方面需要帮助之后，报表与分析支撑团队（Reporting and Analytics Support Capability，简称 RASC）应运而生了。RASC 是一个集中式的专职团队，它通过提供从具体店面到公司整体运营的关键绩效数据，来保持该公司数据分析能力的一致性。对于需要通过数据分析影响客户决策的店面管理者，在总部安排了对口的专家为其提供帮助。

比如，RASC 与百思买集团的某地区团队合作，帮助后者提高在老年人尤其是空巢老人市场的渗透率。经过研究发现，大多数空巢老人购买的都是家电或者 DVD 播放器一类的物品，这些电器不需要很专业的操作。RASC 分析了其中的原因，并评估了提升销量的可能举措。基于这些分析，该地区的管理者与美国退休人员协会（America Association of Retired Persons，AARP）一起在当地图书馆举办技术培训课程，结果大大提升了空巢老人们对科技产品的购买量。

几乎与此同时，百思买集团在诸如市场、供应链和人力资源等各个职能部门建立了集中式的分析团队。随着数据分析在公司中的普及，成功案例逐渐涌现。店面管理者开始用数据来提升自己对业务的认识，扩展新的机会。在某次全公司的电话会议上，巴拉德着重强调了两位管理者用数据分析来发现并服务那些被忽视的客户的行动。这些来自高层管理者的首肯，有助于加强整个企业基于事实的决策的认识。

至此，无论门店管理者还是高层管理者，对于数据分析都给予了非常正面的反馈。百思买集团继续将分析能力和人才建设作为其工作重点。对于以客户为中心的数据分析，前任首席执行官布拉德·安德森将其视为在严峻市场条件下的制胜之道："虽然经济形势不佳，但我们对自身技能和人才队伍有足够的自信，我们能够基于以客户为中心的价值主张不断发展壮大。"

百思买集团正努力推动自己成为一家数据分析导向的企业。从本章的讨论中，你可以了解到领导力的作用，以及聚焦企业发展重点的重要性。你可以了解到百思买集团是如何构建数据、企业、领导力、目标和分析师在内的 DELTA 模型相应的能力的。你可以看到管理者正在采取如我们在本书第二部分里描述的实际行动，他们反思自己的业务模式，审查使用数据分析的方法，在绩效管理和店面决策中引入数据分析，在整个企业中培育分析的文化。如果决定将数据分析提升到一个新的高度，彻底向分析型企业转型，那么你可能会经历与百思买集团不同的道路。不过，促使成功的因素、关键节点和面对的挑战都是类似的。

10

更好的决策，更好的结果

ANALYTICS AT WORK

如果我们至今所能想到的任何事情都能用行政命令来完成，生活就会变得简单很多。但正如做任何有价值的事情一样，将数据与分析引入实践的过程必然需要费一番心血。在这本书中，我们已经描述了一个组织建立可持续、稳健的、企业级别的数据分析能力所需的要素。

我们想分享一个至理名言：心怀目标，脚踏实地。我们听到数据分析的一些忠实用户说："如果我们不使用数据分析就能做出更好的决策并加以实施，那么世界上的所有数据分析就毫无意义。"我们期望其他企业在越来越精通数据分析的同时也能意识到这一点。

从直觉型决策到数据化决策

在实践中使用数据分析，就是基于事实和分析做出更好的决定，并加以实施。这貌似不是什么新观点；毕竟，更好的信息系统和数据总是能产生更好的决策。不过，信息时代的前 50 年主要促进了信息的事务性处理和数据采集。既然企业正在开始掌握数据分析，那么它们就能更好地了解如何制定与执行决策、如何改善决策、如何利用数据来支撑上述工作。他们必须审视所有类型的决策，从高层管理者做出的战略规划决策到日常运营决策，不论这些决策是由一线员工做出的还是后台系统自动做出的。长期而言，企业需要直接参与及影响决策，不要指望有了高质量的数据和数据分析工具就能够自然而然地产生好的决策。

什么是基于事实的决策？我们提出了以下定义：

> 基于事实的决策主要以客观的数据和分析为制定决策的依据。这样才能以理性和公正的过程获得最为客观的答案，而不被传统观点以及个人偏见等有色眼镜所污染。只要有可能，基于事实的决策制定者就会以假设和检验等科学手段，以及严格的量化分析为依据。他们避免使用那些主要基于直觉、本能、传闻或信仰的那些方法，尽管这些方法在帮助基于事实的决策梳理思路时可能有所帮助。

注意，我们的定义强调了数据和分析所得到的答案被认为是最客观的。然而如你所知，如生产数据的人会撒谎一般，古老箴言告诉我们，数据也可以撒谎。统计和图表也可以被数据分析者操纵，用来支持任何不诚实的论点。但是，如果你的本意是公正的，使用数据和严格的分析会比其他任何方式更容易找到最客观的答案。上述定义也承认，"事实"并不是找到最好的可能答案的惟一方法。因此，尽管至少在当代的商业活动中"基于事实的"看起来和"可信赖的"同义，但在决策中依然存在直觉和经验的自由空间。

以流程的方式管理决策

决策是一个复杂的话题，并且正变得越来越复杂。大部分机构并没有重视改善决策，因为做决策一直被认为是个人尤其是高级管理层的特权，且这种决策有点"黑匣子"的味道——数据进去，决策出来，很难知道在其间到底发生了什么。幸运的是，聚焦于决策并不只是依赖于对管理者的思考过程的研究，还依赖于这些决策的外在表现的研究：需要做出什么决策、提供什么数据、决策流程中的关键角色、决策的准确程度和效果究竟如何等。

如果你要管理决策，你应该如对待你的业务流程管理一样，认真地对待决策流程的设计与管理。就像其他流程一样，简化决策流程可以节约时间、缩减开支，提高质量并得到更好的结果。因为很多如定价策略等关键的决策需要超越部门边界，可能会导致深远的影响，所以确保他们在整个组织的范围内良好运作是十分重要的。

例如，高度重视决策和如何利用数据分析做出决策的机构会制定关键决策列表，这个"关键"是以该机构的标准制定的。它们可以是："落实战略所必需的10大决策""为了达到财务目标必须做好的20大决策"。可如果没有清单和优先级，所有的决策就会被同等对待，因此很可能不会受到重视。在某种意义上，这些是使用数据分析和其他方法改善决策的"目标"，同时决策目标应该与我们第4章讨论的商业目标一致。

除了建立决策清单外，这些机构还会根据决策属性对主要决策进行分类。谁在决策中起什么作用，或者它的监管方式是什么？出现的频率怎么样？它是如何提出的？什么数据可用来支持它？通过分类，一个机构可以开始明确什么样的干预手段可以使决策更有效，并且在机构内部建立用于讨论决策的通用术语。

一个以决策为重心的机构也会有方法持续不断地检查和改进它的决策制定过程，这可以参照六西格玛过程，也可以参照安全领域组建的一支由决策相关的各个部门专家组成的"飞虎队"。此外，一个重视决策的机构还会拥有一个由决策"工程师"、教练或者顾问组成的决策小组来改善决策。例如，在通用电气金融服务公司（GE Capital，以下简称通用金融），一个由400个分析师组成的小组常驻在一个被称作决策管理的部门，除了提供数据分析和正确答案外，这些分析师还要和高管们合作来改进决策流程。

重视决策的机构会根据管理者和员工做出的决策来评估他们。只评估决策结果往往会变得政治化，但评估决策过程和评估关键决策所用到的数据还是很有用处的。包括瑞士的工程巨头ABB在内的少数机构，已经开始对一些管理者这么做了。他们已经把对决策的评估纳入到了绩效考核中。

另一个改进决策的关键点是"元决策分析"（metadecision analysis）。这可以简单的理解为，当某人或某组织在做出决策之前应该先问："我们应该如何制定这个决策？"尽管这个问题看起来很明显，但很少被明确提及。

在空气产品公司（Air Product），推荐使用5步流程法用于做出重要决策。第一步是定义将要做出的决策。第二步和第三步被称作决策元分析，分别是"制定方法"和"建立控制"。其中，将采用的决策方法与参与方相关——即一个决策是单方面制定的，还是通过协商制定的，是经多数同意通过，还是一致同意通过。控制方面则采用在项目管理中已为大家所接受的 RACI 方法：谁是执行者（Responsible）？谁是控制者（Accountable）？谁是咨询者（Consulted）？谁是被告知者（Informed）？第四步是做出决策。第五步是沟通和执行决策。这 5 个步骤或许在你决定"午饭吃什么"的问题上并不是必要的，但使用它你同样可能会得到令人满意的大餐。

为什么这种元决策方法很重要？因为如今有很多不同方法来制定决策，需要退后一步思考最合适的决策流程是什么。空气产品公司的方法虽然远胜于其他大部分机构的方法，但依然还有很多其他的可能方法供选择。

数据分析导向的公司刚刚开始重视这些方法。其中一些公司断定，以"决策管理"为依托组织资源，要比以数据分析为依托组织资源更有价值。特别是财政服务公司已经建立了决策管理小组，跨产品线提供集中化的面向决策的辅助支持。除了通用金融，苏格兰皇家银行、花旗银行也都建立了此类小组。虽然它们并未介入包括银行次级贷款投资在内的所有重大决策，但它们正在为集团各个部门的关键决策提供"决策支持"，这些决策支持有时是基于数据分析的，有时是基于其他方法的。

尽管正处在金融服务公司的艰难时期，通用金融还是为通用电气公司挣了很多的钱，2008 年的利润是 90 亿美元。通用金融中的消费金融部门 GE Money 的负责人十分重视数据分析。他认为，对公司来说仅仅给出正确答案的分析师是不够的。于是他们决定将数据分析团队转型为决策管理团队，因为他们认为，所有数据分析的最终目的是做出正确的决策。决策必须在正确的时间、正确的环境下做出，并且任何分析要么被嵌入到完整的商业流程中，要么就得被决策制定者很好地理解，以确保以正确的方式来做出决策。GE Money 团队之前的决策大量引入数据分析，这些决策涵盖市场营销、风险管理、贷款承保甚至人力资源各个方面。转变后的决策管理团队工作效果很好，所以通用金融决定把它推广到整个公司。

如今，仅有很少的公司拥有像通用电气公司的这种团队。我们预计，决策管理的重要性会变得愈发重要，会有更多的机构建立起这种团队。即使你还没准备好进行得那样彻底，你也可以先从你的机构或某个部门采纳基于事实的决策为起点。以事实为依据，完成一个对你的公司或者部门很重要的决策，并对决策过程进行分析。这个决策会导致哪些活动？这个决策对业绩有何帮助？谁在扮演什么样的决策角色？制定这个决策需要什么信息？决策流程不同步骤的关联是什么？还有哪些方法可以改进这个决策过程？更进一步，你甚至还可以尝试随着时间推移如何评估和跟踪决策质量。这些工作都不是特别困难。因此我们认为，开展这些工作，然后持续地、有效地、大范围地执行这些决策，是以数据分析为导向的机构的下一步工作。这就是为什么我们以这个主题结束本书的原因。

数据化决策，并非通向成功的惟一之路

我们坚信，读者会从这本书中的各种处方中受益良多，否则我们也不会写这本书。但是对那些采纳我们建议的机构，我们还是想要详细说

明一下本书可以承诺什么以及不能承诺什么，这也是一种"诚实写作"的态度吧！与本章的重点一致，下面的大部分内容涉及数据分析能在多大程度上实际改进决策。首先，我们有几条声明告知大家。

ANALYTICS
AT WORK

成为数据分析竞先者

◎ **基于数据分析的决策并非通向成功的惟一之路。** 不同于其他一些商业书籍的作者，我们很清楚知道，在任何产业都有各种各样通向成功的路。就像凯撒娱乐集团的首席执行官加里·拉夫曼（Gary Loveman）在《数据分析竞争法》一书的序言中所指出的，他的竞争对手史蒂夫·韦恩（Steve Wynn）在数据分析方面并不出众，其主要依靠对奢侈品和时尚的直觉带领永利度假村（Wynn Resort）走向繁荣（至少到金融危机为止）。在每一个产业，拥有经验、直觉和运气的CEO都有可能选择没有数据和分析却取得成功的战略。但很清楚的一点是，几乎所有的行业都会有一个基于数据分析而获得成功的企业。除非你对自己的经验、直觉和运气特别有信心，否则你应该基于事实来改进自己的决策。

◎ **基于数据分析的决策并非都很完美。** 在大多数情况下，采集数据和分析数据会显著地提高你得到正确答案的可能性，至少要好于纯粹的猜测。一家制药公司的CEO告诉我们，如果

数据分析能够提高其公司的药物选择的准确性，假设从 10%
提高到 40%，这将会带来巨大的财务回报，尽管大部分选择
仍然是错误的。有时候，你的基于数据分析的决策是错误的
或者是次优的。数据分析有时会让你制定出低于消费者支付
意愿的价格；数据分析也可能预测一个病人不会感染某种病，
但最终却得了这种病；数据分析还可能让你选择一个看起来
很棒的球员加盟球队，但最终表现得一塌糊涂。的确，这些
机构面对的最大难关之一就是通过评估指导一个上次赌错了
的模型这次不再犯相同的错误。但请不要对数据和数据分析
丧失信心。尽管你偶尔会处在统计分布结果不利的一边，但
基于数据分析的决策总体上还是能够令人满意的。

◎ **需要不断产生基于数据分析的新的洞察来保持竞争优势。** 数
据分析导向的公司就像鲨鱼一样，时刻搜寻着新的机会。为
什么？因为你的竞争对手最终会理解并且复制你的创新。这
在透明度高、竞争激烈的行业会表现得更快。迟早竞争对手
们都会加入数据分析的热潮，并且开始建立自己的数据分析
模型。因此，满足于过去的成功明显不是个好选择。

◎ **有时候，变化的世界会导致指导决策的现有模型失效。** 正如我
们在第 8 章讨论的一样，世界变化会让你的数据和分析变得
不再适用。如果你选择通过数据分析来安身立命，那么便不
得不持续不断地评估和改变数据分析模型。明确你的假设和

猜想，并在需要改变的时候加以调整。最后以零售行业的价格优化为例。我们十分热衷于数据分析的这项应用，因为此类应用的大多数实践者都会宣称利润率借此得到了显著提高。但正如我们所说，当经济直线下滑时，零售商们可能会更新其之前的数据以制定促销策略的价格弹性模型。历史能够告诉我们，什么时候历史经验不再有效。

◎ **数据分析不是制定良好决策的全部。**你需要动用所有工具来制定更好的决策。除了数据和数据分析，这些工具还包括经验、直觉、集体决策（Group Process），甚至通过投票构建预测意见市场。有时候，结论之间会互相矛盾，或者数据分析的结论会和我们自身的认知相对立。但请不要无视这些矛盾，要用它们来更深入地验证数据和分析，并检验隐含的假定。

好了，现在我们已经表达了我们的诚信。在积极的方面，我们承诺：

◎ **你会做出更好的战略决策。**战略决策是一种不经常的、重要的决策，它们可以受益于系统的分析和数据收集。如果你在考虑购买或吞并另外一家公司、进入一个新市场、推出一个新产品或者发展一种不同类型的客户，你都能从基于数据分析的决策中获益。诚然，你仍然需要某种意义上良好的直觉，但数据分析肯定会让你对目标有更清晰的认知，因为它们会告诉你对增长和收益率造成影响的一些隐形因素。

◎ **你会做出更好的战术和运营决策。**这些是数据分析最擅长的部分，因为这些决策会反复出现，并且这些决策是以能够产生大量数据的运营为基础的。如果你系统化地收集和分析了数据，就可以改进产品生产、定价、营销、销售、服务等诸多决策。重复发生的决策值得你对更好的以数据分析为导向的决策流程进行投资。如果数据分析使你在每笔交易里多赚一些钱，那么日积月累下来的总收益将会很惊人。

◎ **你会拥有更好的解决问题的能力。**数据和数据分析通常会回答"为什么这种事情会在你的组织中发生"的问题。如果哪里出了问题，那么从问题发生的环境收集并分析数据是找到问题根源的最好办法。不论你的问题涉及顾客（如顾客没有达到预想的数量）、供应链（今年的库存比预计的多）还是涉及雇员（新的招聘标准貌似不好使），数据分析都会帮你解决问题。

◎ **你会获得更好的业务流程。**像我们在第 6 章所倡导的，如果你把数据分析嵌入核心业务流程，会有更好的表现。流程是一个结构化地考虑如何完成工作的方法，而数据分析是考虑如何在那些流程中进行决策的结构化方法，二者形成了一个极好的结合。我们认为数据分析的未来，至少是运营决策的数据分析的未来，将与业务流程思考的未来密切相关，反之亦然。

◎ **你能做出更快的决策并得到更一致的结论**。数据分析的构建在最初可能会花费一定时间，但一旦你拥有了算法或者评分模型，就能快速扩展，在短短的几秒钟里运行几千次甚至几百万次。通过用你们顶尖专家开发出来的业务规则和业务模型，可以保证在整个机构都做出正确且一致的决策。

◎ **你能预期趋势的变化和市场状况的变化**。对外部市场因素的监控和分析会为我们提供经济和市场变化的一个早期警示，帮助我们识别新的机会，帮助我们预测顾客品味的变化。如果一切顺利，数据分析甚至会提高你对市场的理解能力，改变你对企业驱动因素的看法。如果你在模型管理方面经验丰富，就会很快判定一个预测模型是否能够做出准确的预测、判定你的优化模型是否依然执行优化。你会有能力看到在模型背后的假设，并判断出这些假定是否仍然适用。当他们不再适用或者不再能有效地预测时，这也是非常有价值的信息，分析行家称之为"矿井中的金丝雀"（危险的预兆）。

◎ **你会获得更好的业务绩效**。在之前的有关数据分析的书籍中，我们发现，运用更多以数据分析为导向的公司在财务上有更好的表现。我们继而观察到，以数据分析为导向的公司一般都在其所属行业处于领先地位。对此持保留观点的人也逼迫我们指出这些现象可能不构成因果关系，但我们相信其中存在因果关系。如我们书中提到的很多例子，很容易看出，在数据分析方面的投资会得到更好的收益和利润。当然，有些应用会比其他应用获得更直接的经济回报。例如，定价领域的应用能在数据分析和赚更多钱之间存在最直接的联系。如果你的机构的任务不只是赚钱，那么运用数据分析也可以做得更好。

我们的观点是，数据和数据分析在所有机构中日渐重要，影响递增。在世界各地都能见到证实我们观点的证据。每天都有更多的数据产生，更强大的软件和硬件不停涌现出来帮助我们分析和解读数据。更多拥有分析数据和具有基于数据分析进行决策的能力的人才从各大高校流出。正如美国前财政部长和哈佛大学校长拉里·萨默斯（Larry Summers）所说："我想，如果以现在为起点书写 200 年的历史，我们能在有生之年见证人类思维方式出现的重要转变，那就是与过去相比，我们的日常活动会变得理性和数据化。"萨默斯并不总是正确的，但我们非常确信这一次他对了。

数据分析和基于事实的决策是当代的潮流。其他的决策方法会潮起潮落，但基于事实做决策的潮流终将一往无前。当今的每个机构都应该着手解决眼前的问题，更应该考虑如何在商业周期循环和时代更替过程中长盛不衰的问题。

未来，属于终身学习者

我这辈子遇到的聪明人（来自各行各业的聪明人）没有不每天阅读的——没有，一个都没有。巴菲特读书之多，我读书之多，可能会让你感到吃惊。孩子们都笑话我。他们觉得我是一本长了两条腿的书。

——查理·芒格

互联网改变了信息连接的方式；指数型技术在迅速颠覆着现有的商业世界；人工智能已经开始抢占人类的工作岗位……

未来，到底需要什么样的人才？

改变命运唯一的策略是你要变成终身学习者。未来世界将不再需要单一的技能型人才，而是需要具备完善的知识结构、极强逻辑思考力和高感知力的复合型人才。优秀的人往往通过阅读建立足够强大的抽象思维能力，获得异于众人的思考和整合能力。未来，将属于终身学习者！而阅读必定和终身学习形影不离。

很多人读书，追求的是干货，寻求的是立刻行之有效的解决方案。其实这是一种留在舒适区的阅读方法。在这个充满不确定性的年代，答案不会简单地出现在书里，因为生活根本就没有标准确切的答案，你也不能期望过去的经验能解决未来的问题。

湛庐阅读APP：与最聪明的人共同进化

有人常常把成本支出的焦点放在书价上，把读完一本书当做阅读的终结。其实不然。

> 时间是读者付出的最大阅读成本
> 怎么读是读者面临的最大阅读障碍
> "读书破万卷"不仅仅在"万"，更重要的是在"破"！

现在，我们构建了全新的"湛庐阅读"APP。它将成为你"破万卷"的新居所。在这里：

- 不用考虑读什么，你可以便捷找到纸书、有声书和各种声音产品；
- 你可以学会怎么读，你将发现集泛读、通读、精读于一体的阅读解决方案；
- 你会与作者、译者、专家、推荐人和阅读教练相遇，他们是优质思想的发源地；
- 你会与优秀的读者和终身学习者为伍，他们对阅读和学习有着持久的热情和源源不绝的内驱力。

从单一到复合，从知道到精通，从理解到创造，湛庐希望建立一个"与最聪明的人共同进化"的社区，成为人类先进思想交汇的聚集地，共同迎接未来。

与此同时，我们希望能够重新定义你的学习场景，让你随时随地收获有内容、有价值的思想，通过阅读实现终身学习。这是我们的使命和价值。

湛庐阅读APP玩转指南

湛庐阅读APP结构图：

12+图书订阅服务
纸质书
有声书
电子书

读什么

优秀的读者和终身学习者

与谁共读

湛庐阅读APP

怎么读

泛读：一书一课
通读：通识课
精读：精读班

跟谁读

作者、译者、专家、推荐人和阅读教练

三步玩转湛庐阅读APP：

读一读▼

湛庐纸书一站买，
全年好书打包订

听一听▼

泛读、通读、精读，
选取适合你的阅读方式

书城

扫一扫▼

买书、听书、讲书、
拆书服务，一键获取

扫一扫

APP获取方式：
安卓用户前往各大应用市场、苹果用户前往APP Store
直接下载"湛庐阅读"APP，与最聪明的人共同进化！

使用APP扫一扫功能，
遇见书里书外更大的世界！

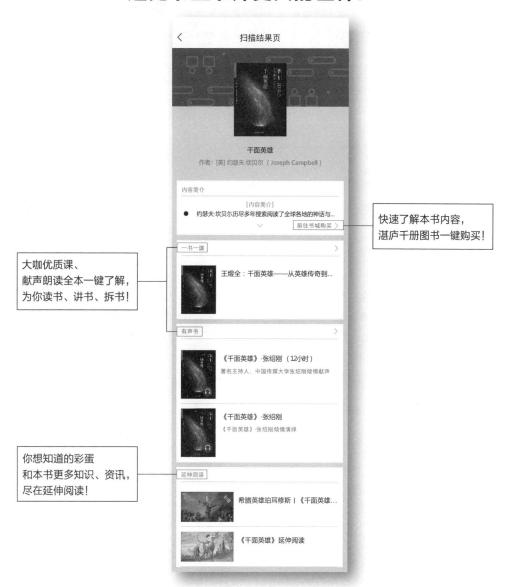

大咖优质课、
献声朗读全本一键了解，
为你读书、讲书、拆书！

快速了解本书内容，
湛庐千册图书一键购买！

你想知道的彩蛋
和本书更多知识、资讯，
尽在延伸阅读！

延伸阅读

《人机共生》

◎ 托马斯·达文波特智能商业五部曲之一。智能时代振奋人心之作，独家揭秘智能时代人类胜出智能机器的 5 大策略。

◎ 《金融时报》年度十佳商业图书、麦肯锡 CEO 年度书单。

使用"湛庐阅读"APP，"扫一扫"获取本书更多精彩内容
ISBN 978-7-213-08452-2

《数据化转型》

◎ 托马斯·达文波特智能商业五部曲之二。本书是一本宝贵的商业实战指南，展示了未来商业的智能场景，为各行各业的大数据实现真正的利益变现提供帮助。

◎ 《福布斯》《金融时报》鼎力盛赞。

使用"湛庐阅读"APP，"扫一扫"获取本书更多精彩内容
ISBN 978-7-213-08456-0

《成为数据分析师》

◎ 托马斯·达文波特智能商业五部曲之三。如果你一看数字和统计就头疼、不知其所云，那么此书正是为你而做，它会让你快速地掌握数据分析的必备技能，强化分析性思维，在竞争中领先群伦。

使用"湛庐阅读"APP，"扫一扫"获取本书更多精彩内容
ISBN 978-7-213-08622-9

《工作中的数据分析》

◎ 托马斯·达文波特智能商业五部曲之四。本书旨在揭示未来以数据为导向的企业应该具备的能力，并用一个模型来阐述企业构建数据分析能力的具体步骤。

使用"湛庐阅读"APP，"扫一扫"获取本书更多精彩内容
ISBN 978-7-213-08658-8

《大决策》

◎ 托马斯·达文波特智能商业五部曲之五。本书是一本实用决策指南，在网络时代，每个人都会被身边的各种数据包围或困扰，本书旨在教会企业或个人如何利用身边的数据做出正确的决策，解决棘手问题。

◎ 《大决策》将由湛庐文化策划出版，敬请期待！

使用"湛庐阅读"APP，"扫一扫"获取本书更多精彩内容
ISBN 978-7-213-08674-8

图书在版编目（CIP）数据

工作中的数据分析 /（美）达文波特，哈里斯，莫里森著；杨琪，张四海译 . — 杭州：浙江人民出版社，2018.2

ISBN 978-7-213-08658-8

Ⅰ.①工… Ⅱ.①达… ②哈… ③莫… ④杨… ⑤张… Ⅲ.①数据处理 Ⅳ.① TP274

中国版本图书馆 CIP 数据核字（2018）第 032246 号

浙江省版权局
著作权合同登记章
图字：11-2017-305 号

上架指导：经济管理 / 智能商业

工作中的数据分析

[美] 托马斯·达文波特　珍妮·哈里斯　罗伯特·莫里森　著

杨　琪　张四海　译

出版发行：浙江人民出版社（杭州体育场路 347 号　邮编　310006）
　　　　　　市场部电话：（0571）85061682　85176516

集团网址：浙江出版联合集团　http://www.zjcb.com

责任编辑：郦鸣枫

责任校对：杨　帆

印　　刷：河北鹏润印刷有限公司

开　　本：170mm×230mm 1/16　　　　印　　张：15.25

字　　数：172 千字　　　　　　　　　插　　页：5

版　　次：2018 年 3 月第 1 版　　　　印　　次：2018 年 3 月第 1 次印刷

书　　号：ISBN 978-7-213-08658-8

定　　价：69.90 元

如发现印装质量问题，影响阅读，请与市场部联系调换。